BEI GRIN MACHT SICH IHR WISSEN BEZAHLT

- Wir veröffentlichen Ihre Hausarbeit,
  Bachelor- und Masterarbeit

- Ihr eigenes eBook und Buch -
  weltweit in allen wichtigen Shops

- Verdienen Sie an jedem Verkauf

Jetzt bei www.GRIN.com hochladen
und kostenlos publizieren

Bibliografische Information der Deutschen Nationalbibliothek:

Die Deutsche Bibliothek verzeichnet diese Publikation in der Deutschen National-
bibliografie; detaillierte bibliografische Daten sind im Internet über http://dnb.d-
nb.de/ abrufbar.

Impressum:

Copyright © 2010 GRIN Verlag, Open Publishing GmbH
Druck und Bindung: Books on Demand GmbH, Norderstedt Germany
ISBN: 9783640573875

Dieses Buch bei GRIN:

http://www.grin.com/de/e-book/146691/historische-betrachtungen-zum-koenig-
der-metalle-dem-gold

Wolfgang Piersig

Historische Betrachtungen zum "König der Metalle" - dem Gold

Beitrag zur Technikgeschichte (14)

GRIN Verlag

Historische Betrachtungen

zum

„König der Metalle" – dem Gold.

■

Beitrag zur Technikgeschichte (14)

Dr.-Ing. Wolfgang Piersig

–

Berg- und Adam-Ries-Stadt Annaberg-Buchholz

–

Geburtsstadt von Emil Heyn – Begründer der Metallographie und Metallkunde

–

März 2010

Inhaltsverzeichnis.

Vorwort.

Im vorliegenden Buch wird ein historischer Abriss zum König der Metalle, dem Gold, gegeben, wobei in diesem geschichtlichen Exkurs u. a. darauf eingegangen wird, daß dieses Edelmetall zu den sieben Metallen des Altertums gehört sowie in der Antike schon eine besondere Bedeutung für die Menschen in dieser frühen Zeit besaß und für sie nicht nur ein wertvoller Besitz für die Verwendung als Schmuck wie auch für Gebrauchsgegenstände war, sondern bald zum Machtfaktor sowie Maßstab für den Reichtum der Herrscher wurde.

Dem Leser wird dazu auch nahe gebracht, Gold war vermutlich das erste Metall, mit dem die Menschen in Berührung kamen, was ihnen jedoch keine entscheidenden Fortschritte in der Entwicklungsgeschichte einleitete, zuzüglich wird aber auch zur Kenntnis gegeben, daß dieses Edelmetall fast vom Beginn seiner Verarbeitung an Maßstab der Besitzverhältnisse und darüber hinaus für den Tauschhandel bereits um 2980 vor unserer Zeitrechnung, allenfalls zur Thinitenzeit (3100 v. u. Z. bis 2686 v. u. Z.) Wertmesser war.

Zunächst wird einleitend ein Blick auf die Metallzeit im Allgemeinen gerichtet. Dazu wird im Besonderen auch auf ihre Periodisierung eingegangen, wobei das Auge auf die ältesten Nachrichten über die bergmännische Goldgewinnung ausgerichtet ist. Dabei eingebunden sind auch Informationen zu den gegenwärtigen Goldfördermengen sowie Goldreserven der sechs bedeutendsten Abbauländer sowie der Staaten der Erde insgesamt. Vervollständigung erhält dies durch einige Details zum besonders im 18. und 19. Jahrhundert entstandenen so genannten Goldrausch in Amerika (speziell in Brasilien, in den Vereinigten Staaten von Nordamerika und Kanada) sowie in Afrika, in Australien wie auch auf Neuseeland.

In dieser Schrift erfährt der Leserkreis auch einige Nuancen bezüglich der Goldgewinnung, des Legierens, der Be- und Verarbeitung sowie Verwendung des Goldes wie auch des Einsatz und der Verwendung dieses Edelmetalls in der Industrie, Medizin, Medizintechnik, Kunst, Wirtschaft, Architektur, im Kunsthandwerk, Privaten und beim liturgischen Instrumentarien.

Vom Autor wird in dieser Publikation auch mit kund getan, welche Bedeutung Aristoteles (384 bis 322 v. u. Z.) dem Besitzerwerb der Metalle (insbesondere dem Gold) aus der Natur beimaß. Für weiterführende Information sind dem Leser am Schluss dieser Veröffentlichung umfangreiche, allgemeinzugängliche Literaturstellen angegeben. Mit den nachfolgenden vier Zitaten soll allen der Charakter des Goldes eindeutig auf den Punkt gebracht werden.

—

„Messing glänzt für den Unwissenden genauso schön wie Gold für den Goldschmied."
Elizabeth I. von England (1533 bis 1603).

„Gold bringt immer Sorgen, ganz gleich, ob wir es haben oder ob es uns fehlt."
Miguel de Cervantes Saavedra (1547 bis 1616).

„Wo es Gold gibt, gibt es auch Streit …"
Pablo Neruda (eigentlich Neftali Ricardo Reyes Basoalto – 1904 bis 1973).

„Nach dem Golde drängt, / am Golde hängt / doch alles."
Johann Wolfgang von Goethe (1749 bis 1832).

Historische Betrachtungen zum „König der Metalle" – dem Gold [1, 2, 23, 25, 35].

Anfänglich sei gesagt, in corpore ist bekannt, Gold, das einzig gelbe Metall, welches eine sehr hohe Dichte besitzt, ist nächst dem Eisen und dem Aluminium das weit verbreitetste, meist aber in geringer Menge vorkommende Metall [1], [2]. Über dieses goldgelb glänzende Edelmetall, das neben dem Silber und dem Kupfer zu den drei besten Leitern von Wärme und elektrischem Strom gehört, welches sowohl als „Sinnbild der strahlenden Sonne" wie auch als „König der Metalle" gilt, wird im Folgenden eine kurze historische Betrachtung gegeben.

Mit der Entdeckung und Nutzung der Metalle vor etwa 10.000 Jahren, vielleicht auch schon viel früher, beginnen offensichtlich die Schaffung und der Fortschritt der Technik. Ohne sie wäre es in der Antike[*] weder zu der Erfindung des Rades und des Transportes auf Rädern noch zur Errichtung der „Sieben Weltwunder" v. u. Z. (Pyramiden bei Giseh – 3.500; die Hängenden Gärten von Babylon – um 600; Grabstätte von Mausolus in Halikarnassos – um 450; Standbild des Zeus im Tempelbezirk von Olympia – um 450; Tempel der Artemis in Ephesus – 356; Leuchtturm von Pharos – um 350; der Koloss von Rhodos – um 280 v. u. Z.) gekommen.

Wie bedeutungsvoll und epochebestimmend die Metalle für die Entwicklungsgeschichte der Menschen sind, davon zeugen die Bezeichnung ganzer entwicklungsgeschichtlicher Zeitabschnitte, wie „Bronzezeit"[**] bzw. „Eisenzeit"[***].

Die Metallzeit wird mit der Verwendung der gediegen vorkommenden Metalle Gold, Silber, Kupfer und Eisen eingeleitet. Ihre erste Gewinnung begann wahrscheinlich bereits in der Urgemeinschaft (etwa vom 8. bis zum 4. Jahrtausend v. u. Z.). Bedingt durch die technischen Möglichkeiten, d. h. die Beherrschung des Feuers, standen dem Menschen im Altertum lediglich nur sieben Metalle, die als die „sieben Metalle der Antike" bezeichnet werden, zur Verfügung [25]. Eine bergmännische Goldgewinnung reicht nach Überlieferungen bis zum

[*] Als Epoche der Antike gilt allgemein im Sinne der klassischen Altertumswissenschaften die Zeit von der allmählichen Herausbildung der griechischen Staatenwelt bis zum Ende des weströmischen Reichs (476 u. Z.) sowie bis zum Tod des oströmischen Kaisers Justinian I., z. T. mit Justinian der Große bezeichnet, (um 482 bis 565 u. Z.) bzw. nach den Forschungen des belgischen Historikers Henri Pirenne (1862-1835) auch das Jahr 632 u. Z. Je nach Forschungsrichtung umfasst die Antike auch die minoische und mykenische Kultur (1900 bis 1100 v. u. Z.) wie auch die so genannten dunklen Jahrhunderte (1200 bis 750 v. u. Z.) bzw. auch die Epoche der altorientalischen nahöstlichen Hochkulturen Ägyptens, Mesopotamiens, Assyriens, Persiens und Kleinasiens (um 3500 v. u. Z.).
[*] Die Bronzezeit ist die Periode in der Menschheitsgeschichte, in welcher Metallgegenstände vorherrschend aus Bronze hergestellt wurden. Zuerst entwickelt hat sie sich wahrscheinlich in Vorderasien um 3300 v. u. Z. bzw. Asien bereit um 4500 v. u. Z., in Palästina um 3 Ägypten um 2700 v. u. Z. In Mitteleuropa ist es die Zeit von 2200 v. u. Z. ab und in Nordeuropa von 1800/1200 v. u. Z.
[**] Die Eisenzeit ist die vorgeschichtliche Zeit, in der Eisen an die Stelle von Bronze für die Herstellung von Werkzeugen und Waffen zur Verwendung trat. Für Europa wird ihr Beginn mit 800 v. u. Z. datiert, für Kleinasien 1700 v. u. Z., den Vorderen Orient und Mittelmeerraum 1200 v. u. Z., für Israel 1200/1000 v. u. Z. (Eisenzeit I); 1000/587 (Eisenzeit II); 587/450 v. u. Z. (Eisenzeit III), für Griechenland 1100/800 v. u. Z., für Afrika um 500/400 v. u. Z., für Südafrika etwa 200 v. u. Z.

[1]   Frantz, A.: Gold im Alterthume, Berg- und hüttenmännische Zeitung 39 (1880), H. 1, S. 5 ff.
[2]   Meyers Konversations-Lexikon 1987, Band 7, Gold, S. 472/500, Leipzig: Verlag des BI[+++] 1887.
[23] Piersig, W.: Historische Betrachtungen zum … Gold, FuB[#] 38 (1988), H. 9, S. 564/565.
[25] Piersig, W.: Die sieben Metalle des Altertums, Schweißtechnik 39 (1989), H. 7, Umschlag-S.
[35] Piersig, W.: Die sieben Metalle der Antike, … München: GRIN-Verlag, V141999, 2010.

Jahre 1500 v. u. Z. zurück. So soll es zurzeit Ramses II. (um 1303 bis 1213 v. u. Z.), genannt auch der Große, der der dritte altägyptischer Pharao (1279 bis 1213 v. u. Z.) war, auch in Akita und Ophir [7], [82] dem sagenhaften Goldlang im Alten Testament der Bibel, wohl um 1200 v. u. Z. erfolgt sein [36]; auch König Salomon soll von da sein Gold geholt haben [88].

Es waren die Metalle Gold, Silber, Kupfer, Blei, Eisen, Zinn, Quecksilber. Verarbeitet wurde von den frühen Metallurgen bzw. Schmieden in den Anfängen der Metallzeit bereits auch die natürlich vorkommende Legierung von Gold und Silber, genannt Asem, die vermutlich mit dem Elektron (Synonyme: Electron, Elektrum, Electrum, Sahab, Blassgold) identisch ist. Es wird angenommen, daß diese natürliche Gold-Silber-Legierung einen Goldanteil von 70/90 bzw. 50/60 Prozent [36] hatte und natürlich oder künstlich 20/50 Prozent Silber enthält [65].

Ferner lernten die Metallarbeiter des Altertums die künstlichen Legierungen von Kupfer mit Zinn und Kupfer mit Blei – die „Bronzen" und wahrscheinlich auch die von Kupfer mit Zink - Messing – herzustellen. Die Kunst der Eisen- und Stahlgewinnung schloss sich der Metallurgie der Nichteisenmetall-Legierungen an. Dementsprechend reichen die Wurzeln für die jetzt bekannten Fertigungsverfahren der Metalle bis zu ihrer ersten Anwendung zurück, indem der Mensch das Naturgegebene – gediegene Metalle, aber auch Erze – veränderte. Einen Überblick zur hauptsächlichen Verwendung des Goldes und der anderen sechs Metalle des Altertums in der Antike zeigt die Anlage gleichen Titels auf den Seiten 18/19.

Und, das Gold, so wird im überwiegenden Maße angenommen, war das erste Metall, was der Mensch kennen lernte und als erstes Schmuckmetall verwendete. Seine erste Kenntnis geht bis in die Steinzeit, seine Gewinnung bis etwa ins 5. Jahrtausend zurück. Gefunden wurde es zuerst mithin in Ägypten, Nubien, Arabien, Anatolien, Spanien, Irland, auf dem Balkan.

Sonach begonnen hat die Goldgewinnung vermutlich in der Kupferzeit (um 4300 bis ca. 2200 v. u. Z.) [36]. Zu Anbeginn wurden nur die frei liegenden Nuggets verwendet, später kamen das Waschen des Goldes und seine Gewinnung aus dem Erz hinzu. Im natürlichen Zustand kommt es mehr oder weniger in fast allen Gesteinen vor, im Meer ebenso wie in Flüssen und Bächen, in Sand und sogar in Pflanzen. Durch seine leichte Legierbarkeit mit vielen Metallen, seine moderate Schmelztemperatur und die günstigen Eigenschaften von ihm und seiner Legierungen machten Gold als Material relativ schnell sehr attraktiv. Es findet sich niemals in reiner Form, ein Silberanteil von bis zu 50 Prozent ist keine Ausnahme. Spuren von Kupfer und anderer Metalle findet sich in ihm seltener, zudem bindet es sich gern ans Quarzmineral.

Nach einem ägyptischen Papyrus muß bereits im 14. Jahrhundert v. u. Z. Goldbergbau in Asien für das extrem haltbare, biegsame, schöne, in reiner Form, als das eigentümliche, feurige, rötlichgelbe Edelmetall, bekannt gewesen sein, denn ein abgebildeter Goldminenplan belegt dies. Genau, Gold zeichnet sich durch seine auffallende apart gelbe Farbe, einen lebhaften Glanz, hohe chemische Stabilität, besondere Dehnbarkeit vor allen Metallen aus, und es kristallisiert wie Silber und Platin in kubischer Kristallform [44]. In der den Menschen

[7, 82]   Tafel, V.; Wagenmann, K.: Lehrbuch Metallhüttenkunde, Bd. I, Leipzig: Hirzel 1927, 1951.
[22] Engels, S.; Nowak, A.: Auf der Spur der Elemente, Leipzig: DVfG *) 1983, s. S. 15.
[28] Binder, H. H.: Lexikon der chemischen Elemente, Stuttgart: S. Hirzel Verlag 1999.
[36] Wikipedia: Gold – Geschichte – Vorkommen und Förderung – Gewinnung, 1/2010.
[65] http://www.froufrou.de/schmucklexikon/gold.html, 1/2010.
[88] Ophir – Wikipedia, http://de.wikipedia.org/wiki/Ophir, Abruf 2/2010.
[44] Seilnacht. Th.: Periodensystem: Gold; http://www.seilnacht.com/Lexikon/79Gold.htm.

zugänglichen Erdkruste ist es mit etwa 0,0000005 Prozent (fünf Milligramm je Tonne Gestein [23] enthalten. Mit dieser Konzentration steht es in der Häufigkeit der Elemente an 77. Stelle [22]. Bezogen auf einen Kubikkilometer bedeutet dies, daß darin vierzehn Tonnen Gold enthalten sind und das in dem 20 Kilometer starken Erdgürtel sogar 100.000.000.000 Kilogramm vorliegen. Vermerkt sei, um zwölf Kilogramm Gold zu gewinnen, mussten um 1973 in Südafrika etwa 1.500 Tonnen Erz aus 900 bis 3.000 Meter Tiefe gefördert werden.

Bekanntermaßen sind sonach die Goldvorkommen weltweit verbreitet, aber sehr verstreut und meist jedoch nur in geringen Mengen anzutreffen [78], aktuell ist es so, daß von der auf der Erde im Jahre 2007 geförderten Gesamtmenge von 2.380 Tonnen Gold zirka vierzig Prozent dieses bergmännischen abgebauten Edelmetalls aus Südafrika, den USA, Australien, Russland, Peru und China kommen. Die erzielten Fördermengen für 2000, 2003, 2007, 2008 dieser sechs Länder wie auch ihre 2009 geschätzten Reserven zeigt die folgende Tafel.

Rang	Land	Fördermengen in Tonnen				Reserven in Tonnen	Reichweite ca. Jahre
		2000[65]	2003[49]	2007[50]	2008[50]	[36, 50]	[33, 51]
1	Südafrika	428	420	252	250	31.000	36,3
2	USA	354	277	238	230	5.500	17,5
3	Australien	349	262	246	225	6.000	13,4
4	Russland	144	180	157	165	7.000	23,5
5	Peru	133	173	170	175	2.300	k. A.
6	VR China	162	170	275	295	4.100	k. A.
	Erde gesamt	2.555	k. A.	2.380	2.330	100.000 [28] *)	20,0

Tafel: Goldfördermengen und Goldreserven weltweit; *) nach [65] derzeit 55.000 Tonnen.

An dieser Stelle sei vermerkt, aktuell wird in zwei Jahren mehr Gold an den Tag gefördert, als in tausend Jahren des Mittelalters. Hinzugefügt werden muß auch noch, wenn es ökonomisch vertretbar würde, dann gäbe es auch aus den Ozeanen, aus dem so genannten „flüssigem Erz", bei einem Goldgehalt von 0,004 mg pro Tonne (also gleich $4 \cdot 10^{-9}$ Kilogramm Gold pro Tonne oder pro Kubikmeter Meerwasser) multipliziert mit der Wassermenge der Weltmeere von $1,5 \cdot 10^{18}$ Kubikmeter, insgesamt $6 \cdot 10^{6}$ Tonnen Gold; dies würde alles bisher bergmännisch gewonnene Gold um das Vierzigfache übertreffen [36], [38]; in [16], [28], [31] wird sogar von über zehn Milliarden gelöstem Gold gesprochen.

Zur Verwendung des Goldes läßt sich an Hand der eruierten Quellen (S. 21/25) aussagen, daß die älteste Anwendung dieses Edelmetalls mit dem Schmuck des menschlichen Körpers, dieser folgten die Verzierung der Wohnstätten, Tempel und Paläste sowie die Herstellung von Reliquienobjekten, Statuen, Büsten von Heiligen und Königen sowie kostbaren Gefäßen [19].

[16] Sawitzkij, E.; Kljatschko, W.: Metalle der kosmischen Ära, Leipzig: DVfG *) 1982.
[19] Lietzmann, K.-D.; Schlegel, J.; Hensel, A.: Metallformung, Leipzig: DVfG *) 1984.
[28] Binder, H. H.: Lexikon der chemischen Elemente, Stuttgart: S. Hirzel Verlag 1999.
[31] Bergmann, L.; Schaefer, C.; Kassing, R.: Elementarphysik, Berlin, New York: de Gruyter 2005.
[33] Lide, D. R. (ed.): CRC Handbook of Chemistry and Physics, Florida: CRC Press 2005.
[36] Wikipedia: Gold – Geschichte – Vorkommen und Förderung – Gewinnung, 1/2010.
[38] http://www.webelements.com , 1/2010; [49] bis [51] s. S. 23.
[65] http://www.froufrou.de/schmucklexikon/gold.html, 1/2010.
[78] Krupp, A.: Die Legierungen. Handbuch für Praktiker. Wien; Leipzig: Hartleben´s Verlag 1909.

In den ältesten Mythen tritt das Gold durch seine Seltenheit, Schönheit, Beständigkeit, Formbarkeit wie auch seinen Glanz, als etwas Begehrenswertes auf und diente im Altertum außerdem als Maßstab für Reichtum und Macht wie auch als Sinnbild höchster Würde. Daneben übte das edle Metall Gold auch seit diesen undenklichen Zeiten sichtlich eine besondere Anziehungskraft auf die Menschen aus. Gleichsam wurde es ausgehend von der Antike Gegenstand der Anbetung und Objekt der Gier. Somit war es gleichlaufend auch eine Quelle für ungeheuere Verbrechen sowie Wurzel für blutige Schlachten, hohen Verrat unvorstellbares Leid wie auch Ausgangspunkt für den Bruch von eigentlich als solid geltenden Freundschaften und ursprünglich als unerschütterlich geglaubter Liebe während der Genese der Menschheitsentwicklung [19].

Die Ägypter sahen im Gold Ewigkeit und Unzerstörbarkeit und statteten daher ihre Toten mit Goldzugaben aus, wozu massive und von Gold überzogene Streitwagen, Ruhebetten, Statuen, Thronsessel gehörten. So wurden Hand- und Fußnägel vergoldet, die Gesichter auf den dem Körper nachgebildeten Muniensärgen erhielten eine Goldauflage. Allein der Sarg des Pharao Tut-ench-Amun (um 1340 v. u. Z.) wog 225 (108) Kilogramm Gold [19, (44)].

Wie hoch die Kunst der Metallformung von Gold bereits im 4. Jahrtausend v. u. Z. entwickelt war, zeigt z. B. die um 3745 v. u. Z. aus gehämmertem Golddraht hergestellte Krone für die Königin Shubab von Samaria in Südmesopotamien. Auch die Ausgrabungen der sumerischen Königsgräber von Ur, die in der Mitte des 3. Jahrtausends v. u. Z. angelegt worden sind, belegen mit einem dort gefundenen Golddolch, dessen Scheide in Granuliertechnik gearbeitet ist, diese Metallkunst auf Gold. Konnte anfangs das Gold nur kalt durch Treiben und Hämmern verarbeitet werden, so kam im 3. Jahrtausend v. u. Z. auch das Vergießen und im 2. Jahrtausend v. u. Z. das Legieren sowie Befreien von anderen Metallen hinzu. Heutzutage, gut zu wissen, werden zunehmend bei der Goldgewinnung auch Mikroorganismen eingesetzt.

Das Erschmelzen des Goldes erfolgte z. B. in Ägypten zurzeit der I. Dynastie (um 3000 v. u. Z.) bis zur IV. Dynastie (etwa 2723 bis 2563 v. u. Z.) in Tiegeln oder irdenen Töpfen, die durch einen Deckel verschlossen und mit Lehm verstrichen wurden. Zur besseren Abscheidung des Goldes wurden teilweise Zusätze, z. B. Blei, Zinnsalze, organische Substanzen (Gerstenkleie) verwendet, wobei der Schmelzprozess bis zu fünf Tage dauerte. Erfolgte im Altertum die Goldgewinnung aus Erzen vornehmlich mit Röst- und Amalgations-Verfahren, so wird in der moderneren Zeit vorwiegend die Zyanidlaugerei angewendet.

Die Verarbeitung des Goldes und seiner Legierungen erfolgte oft unter Verwendung von Edelsteinen und Perlen. Hierbei wurden die Fertigungsverfahren Biegen, Schmieden, Rollen, Zisilieren, Feilen, Sägen, Schneiden, Bohren, Stanzen, Pressen angewendet. Durch Hartlöten wurden die Einzelteile des Körperschmucks und liturgische sowie profane Geräte verbunden. Ein Reinigen und Polieren der Oberfläche schloss sich oft an, ergänzende Techniken waren Gravieren, Nivellieren, Emaillieren, Granulieren, Tauschieren. Beim Letzteren wurden in Gruben des härteren Metalls dünne Drähte und/oder Bleche des weicheren, andersfarbigen Metalls eingehämmert. Besonders beliebt waren Stahl mit Goldeinlage wie auch die Kombinationen Silber mit Gold, Bronze mit Gold, Bronze mit Silber, Bronze mit Kupfer, Messing mit Silber, Stahl mit Silber; Gold speziell, weil es imposant form- und polierbar ist.

Bereits um 3500 v. u. Z. wurden in Ägypten Gold bedeckte Objekte [65], z. B. Götterfiguren,

[19] Lietzmann, K.-D.; Schlegel, J.; Hensel, A.: Metallformung, Leipzig: DVfG *) 1984, s. S. 15.
[65] http://www.froufrou.de/schmucklexikon/gold.html, 1/2010.

Sarkophage, Tempeltore, gefertigt. Das Vergolden mit Blattgold wird seit etwa 2600 v. u. Z. durchgeführt. Mit dem aus Indien stammenden Handwerk der Goldschlägerei gelang es, zu den genannten Zeiten schon Goldblättchen bis zu einem Mikrometer Dicke herzustellen. Und um die Zeitenwende wurden bei den Römern aus einer Unze Gold (30,59 Gramm Feingold) bereits 750 bis 790 Blättchen mit je vier Quadratzoll Größe geschlagen, was der Dicke von 0,003 Millimeter entspricht. In der Gegenwart liegen die Blattgolddicken bei 0,0001 [19] bzw. 0,00012 Millimeter [65]. Somit ist es möglich aus einem Gramm Gold, je nach Dicke und Legierung, ca. 3,4 bis 8,5 Quadratmeter Blattgold herzustellen [65]. Da Gold nicht nur ein außergewöhnlich gut schmiedbares, sondern auch ziehbares Metall ist, lässt sich aus einem Gramm dieses Metalls ein Golddraht von sogar 3.500 Meter Länge ziehen [36].

Von den Ägyptern ist bekannt, daß sie die Goldvorkommen in Oberägypten und Nubien ausbeuteten, von den Römern, daß sie die Fundstätten in Kleinasien, Spanien, Rumänien und Germanien nutzten und für die Griechen findet sich die frühe Bindung zum Gold in ihrer Mythologie durch die Seefahrt der Argonauten zum Goldenen Vlies nach Kolchis (der antiken Landschaft zwischen Kaukasus und Ostküste des Schwarzen Meeres) wieder. Etwa 130 v. u. Z. kannten die Ägypter ein Verfahren, Golderze zu waschen, zu verbleien, zu läutern [7, 82]. Auch das muß gesagt werden, Gold und Silber waren Basis des römischen Weltreichs [44].

Erwähnenswert für die Gesamtdarstellung über den Goldgebrauch ist, daß sowohl das Alte wie auch Neue Testament Aussagen über das Gold beinhaltet, wobei im Ersten vom Goldenen Kalb und Goldland Ophir, im Zweiten von Goldgeschenken gesprochen wird. Auch in Südamerika und Mesoamerika (ein Siedlungsgebiet in Mittelamerika) wurde schon sehr früh Gold von den Mochica in Peru (mit Beginn des ersten Jahrtausends) verarbeitet bzw. für die Legierungsbildung (wie Tumbago – eine Gold-Kupfer-Legierung mit einem Kupferanteil von bis zu 70 Prozent) verwendet wie auch zum Vergolden eingesetzt. Und zu den sehr frühen Goldverarbeitungen auf dem jetzigen Gebiet Deutschlands zählen auch der goldene Hut von Schifferstadt, (Rhein-Pfalz-Kreis, datiert für 1400 bis 1300 v. u. Z.) und die Himmelsscheibe von Nebra (Sachsen-Anhalt, geschätzt für 2100 bis 1700 v. u. Z.) [36].

In der Goldschmiedekunst wird wohl das Goldprägen schon seit etwa 6.000 Jahren verwendet, aber die Goldmünzenprägung ist erst mit dem achten bis siebenten Jahrhundert v. u. Z. zu verbinden. Als erste Goldmünzen gelten die ionisch-lydischen Münzen. Bestehend aus 10,81 Gramm Elektron. Diese Gold-Silber-Legierung wurde als Münzmetall verwendet, da sie wesentlich härter war als ihre Ausgangsbestandteile, d. h. die Metalle Gold bzw. Silber. Der Silbergehalt schwankte darin in den Grenzen u. a. zwischen 16 und 60 Prozent (s. a. S. 4).

Zur Sicherung des Tauschwertes wurden später diese Münzlegierungen durch die reinen Metalle Gold und Silber ersetzt bzw. gezielt legiert. Der Goldgehalt der zielgerichtet hergestellten Legierungen wird entweder in Bruchteilen von Tausend oder in Karat angegeben, wobei 24 Karat dem reinen Gold („Gold 1000") entsprechen; somit enthält zum Beispiel eine 18karätige Gold-Silber-Legierung achtzehn Masseteile Gold in vierundzwanzig Teilen, also 750 in tausend Teilen („Gold 750"), und im Weiteren sind vierzehnkarätiges Gold (585/1000) „Gold 585" und achtkarätiges Gold (333/1000) „Gold 333" [36], [44]. Bekannt ist,

[7, 82] Tafel, V.; Wagenmann, K.: Lehrbuch Metallhüttenkunde, Bd. I, Leipzig: Hirzel 1927, 1951.
[19] Lietzmann, K.-D.; Schlegel, J.; Hensel, A.: Metallformung, Leipzig: DVfG [*] 1984, s. S. 15.
[36] Wikipedia: Gold – Geschichte – Vorkommen und Förderung – Gewinnung, 2010.
[44] Seilnacht. Th.: Periodensystem: Gold; http://www.seilnacht.com/Lexikon/79Gold.htm.
[65] http://www.froufrou.de/schmucklexikon/gold.html, 1/2010.

schon der altägyptische König Menes in der Thinitenzeit (um 3000 v. u. Z.) bestimmte um 2980 v. u. Z. Goldbarren von vierzehn Gramm als Wertäquivalent des Tauschhandels.

Etabliert ist auch, zurzeit Ramses II. sollen die nubischen Goldbergwerke jährlich Gold im Werte von 2.500 Millionen Mark geliefert haben, aber wirklich zuverlässige Angaben über die gewonnenen Goldmengen aus der ältesten Zeit fehlen fast vollständig. Schätzungen sprechen von 20.000 Tonnen, die bis Anfang des 20. Jahrhunderts gefördert wurden [89]. Aussagefähige Quellen reichen bis an das Ende des fünfzehnten Jahrhunderts zurück, wie die folgende Tafel mit dem Titel - Goldgewinnung vom Ende des 15. Jahrhunderts bis zum Beginn des 20. Jahrhunderts - zeigt. Danach betrug um 1500 die jährliche Goldförderung nur etwa 6.000 Kilogramm, um 1920 lag sie bereits bei 640.000 Kilogramm, im 20. Jahrhundert bei 80.000 Tonnen, also seit der Antike summa summarum 100.000 Tonnen [89].

Goldgewinnung Zeitraum	Goldgewinnung Menge in kg/a	Goldgewinnung Zeitraum	Goldgewinnung Menge in kg/a
1493 bis 1520	5.800	1761 bis 1780	20.705
1521 bis 1544	7.160	1781 bis 1800	17.790
1545 bis 1560	8.510	1801 bis 1820	14.612
1561 bis 1580	6.840	1821 bis 1830	14.212
1581 bis 1600	7.380	1831 bis 1840	20.289
1601 bis 1620	8.520	1841 bis 1850	54.759
1621 bis 1640	8.300	1851 bis 1860	200.569
1641 bis 1660	8.770	1861 bis 1870	190.042
1661 bis 1680	9.260	1871 bis 1880	173.159
1681 bis 1700	10.765	1881 bis 1890	162.414
1701 bis 1720	12.820	1891 bis 1900	316.159
1721 bis 1744	19.080	1901 bis 1910	568.856
1745 bis 1760	24.610	1911 bis 1920	640.309

Tafel: Goldgewinnung vom Ende des 15. Jahrhunderts bis zu Beginn des 20. Jahrhunderts [4].

Gegenwärtig liegt sie bei rund 2.400 [36] bzw. 2500 [65] Tonnen im Jahr. Etwa 300.000 Kilogramm gehen jährlich in die Tresore der Banken. An diesen Orten lagern zurzeit schon mehr als geschätzte 30.000.000 Kilogramm Goldbarren. Und nach durchgeführten Recherchen erbringen Schätzungen der Goldförderung für den Zeitraum von der Antike bis zum Ende des Mittelalters und der sich anschließenden Statistik bis ins 21. Jahrhundert eine Gesamtfördermenge von 145.000.000[65]/155.000.000[36] Kilogramm für den König der Metalle. Dieser weltweite Bestand entspricht einer Würfelkantenlänge von fast 19,6/20,3 Metern oder 7.529/8.365 Kubikmetern reinem Gold. Deutschlands Beitrag betrug 1911, wo es kaum Fundstätten gab, total 4.967 Kilogramm Feingold (davon 117 aus in- und 573 aus ausländischen Erzen sowie 4.277 Kilogramm aus Rückständen und Abfällen) [82].

Für die Weltgoldproduktion 1924 sind 580 Tonnen bekannt, wovon 13, 8 Prozent die USA; 4,4 Mexiko; 8,4 Kanada; 0,5 Zentralamerika; 4,2 Südamerika, 52, 6 Transvaal; 4,1 das übrige Afrika; 2,0 Rußland mit Sibirien; 4,8 das übrige Asien, 5,2 Australien schufen [82]. Und für

[4]   Meyers Lexikon, Band 3, Edelmetalle, Sp. 1184; Leipzig: BI [+++)] 1925.
[36] Wikipedia: Gold – Geschichte – Vorkommen und Förderung – Gewinnung, 2/2010.
[65] http://www.froufrou.de/schmucklexikon/gold.html, 1/2010.
[82] Tafel, V.; Wagenmann, K.: Lehrbuch Metallhüttenkunde, Bd. I, Leipzig: Hirzel 1927, 1951.
[89] Klemenz, D.: Amerikanische Edelmetalle ..., http://www.tt.fh-koeln.de/publications/bra1099.pdf,

den Weltgoldverbrauch sind für 2000 3.973 und 2001 3.612 Tonnen festgehalten [65].

Früher wurde das Gold hauptsächlich für Schmuck, Gebrauchs- und Prunkartikel, Pektorale wie auch Reliquienschreine, Reliquien-, Prozessions- und Altarkreuze, Tragaltare und rituelle Gegenstände sowie als Münzmetall verwendet [19]. Folglich so ist es heute zum einen aus dem internationalen Bankwesen und zum anderen aus der modernen Technik nicht mehr wegzudenken. Verarbeitet wird es für Zentralbanken hauptsächlich in Form von Barrengold sowie Goldmünzen; und für technische Zwecke, z. B. Thermoelemente, Kontakte und Leiterbahnen kommt es speziell in Raketen, Satelliten, Raumschiffen, Weltraumstationen, Flugzeugen, Informationstechnik, Unterhaltungselektronik und Spezialgeräten, in der Elektronikindustrie, Mikrotechnik wie auch Hochleistungselektronik, in Anwendung.

Dank der Kostbarkeit des Goldes, seines Charisma sowie seiner Widerstandsfähigkeit ist es evident, daß es schon früh in sehr dünnen Schichten und dies dauerhaft auf Edel- wie auch Unedelmetallen und ihren Legierungen aufgebracht worden ist. Bekannt wurden bzw. sind die kalte Vergoldung oder das Vergolden durch Anreiben, das Tauchverfahren, Plattieren, die Feuervergoldung und endlich die auf elektotechnologischen Wegen [75].

Zum Goldeinsatz ist hinzuzufügen, in der Elektronikindustrie wird das Gold unter anderem aufgrund der sehr guten spezifischen Legierbarkeit, Kontaktgabe, Korrosionsbeständigkeit wie auch Verarbeitbarkeit insbesondere für Bonden (Bondendrähte, Chipbonden), zum Vergolden von Steckverbindern für Leiterplatten, Schaltkontakten für Signalschalter und Relais zum Einsatz gebracht. Dafür stehen sowohl das Hauchvergolden wie auch Goldbeschichten bis zu ein Mikrometer als Verfahren zur Verfügung [36], [44]. Und aus dem Gebiet der Optik ist bekannt, daß Gold, da es infrarote, rote und gelbe Wellenlängen des Lichts bedeutend besser als die energiereicheren blauen, blauvioletten und ultravioletten Lichtstrahlen reflektiert, da unter anderem zu wärmereflektierenden Beschichtungen, z. B. von Spiegeln, wie auch für Bedampfungen, z. B. von Laserspiegeln, Verwendung findet.

Aufgrund seiner sehr guten Korrosionsresistenz, Körperverträglichkeit, Ästhetikqualität wird das Gold auch in der Medizin, speziell Zahnheilkunde als Füllsubstanz und Ersatzmaterial, d. h. Dentalgold, eingesetzt. Außerdem kommt es in der Orthopädie als Matrixwerkstoff für da zu verarbeitende Elemente sowie in der Unfallchirurgie als Strukturmaterial für da zu verwendende Implantate zum Einsatz. In der Medizintechnik besteht Bedarf für Gold beim Bau von Sonden und Ultraschallgeräten [73]. Und wie aus [42] zu entnehmen ist, wurde dem Gold schon im Altertum eine große Heilkraft zugeschrieben, beispielsweise war da beginnend Blattgold häufig als Ausgangssubstanz für Arzneien eingesetzt; und auch heute wird Gold, wie da zu erfahren ist in der modernen Therapie, z. B. in organischen Goldverbindungen zur Behandlung mancher Formen von Chronischer Polyarthritis verwendet.

Da Gold als Katalysator wirkt, wird es in der Chemie bei chemischen Reaktionen wie auch wegen seines überaus guten resistenten Verhaltes für chemische Apparate, wie Schmelztiegel,

[4]   Meyers Lexikon, Band 3, Edelmetalle, Sp. 1184; Leipzig: BI [+++)] 1925.
[19] Lietzmann, K.-D.; Schlegel, J.; Hensel, A.: Metallformung, Leipzig: DVfG [*)] 1984, s. S. 15.
[36] Wikipedia: Gold – Geschichte – Vorkommen und Förderung – Gewinnung, 2010.
[44] Seilnacht. Th.: Periodensystem: Gold; http://www.seilnacht.com/Lexikon/79Gold.htm.
[42] Hilsdorf, E.: Blattgold in der Medizin, …, http://www.schwabach.de/touris/gold/78553.html.
[73] Gold für Industrie & Technik, http://www.gold-infos.eu/Gold-Industrie-Technik, Abruf.: /2010.
[75] Hartmann, F.: Handbuch für Metallarbeiter …, Wien. Pest. Leipzig: A. Hartleben's Verlag 1886.

Retorten sowie Kühler, eingesetzt. Weiterhin wird Gold bzw. werden goldhaltige Legierungen in der Glas- wie auch Porzellanmalerei, für Stuckateurarbeiten sowie zum Verzieren von Kunstwerken, Büchern, Bildern, Spiegeln, Tafelgeschirr und Kuppel verwendet [76]. Erinnert sei, daß als Goldpurpur (auch Cassius'scher Purpur oder Cassius-Gold) wurde dieses Farbpigment gelegentlich für Goldrubinglas bzw. auch zum Färben von Porzellan verwendet.

Interessant ist außerdem auch eine im Jahre 2007 vorgenommenen Einschätzung über die Verwendung des bisher weltweit geschürften Goldes; aus ihr geht hervor, daß davon rund 28.600 Tonnen Gold (18 Prozent) den Zentralbanken und anderen Währungsinstitutionen gehören; rund 79.000 Tonnen (51 Prozent) im Schmuck; rund 10.000 Tonnen (12 Prozent) in Kunstgegenständen verarbeitet sind und etwa 25.000 Tonnen sich in Privatbesitz in Form von Barren und Münzen im Besonderen bei Investoren wieder finden. Und mit Fug und Recht läßt sich behaupten, ohne dieses Metall wäre auch im 21. Jahrhundert ein Welthandel kaum denkbar, denn Gold ist nach wie vor ein internationales Zahlungsmittel. Gemäß dem Kurswert wurde für den Weltgoldfundus im Januar 2006 ein Wert von 2.500 Milliarden Euro bestimmt.

Die Entwicklungsgeschichte in allen Kulturkreisen ist mehr oder minder mit diesem faszinierenden Metall verbunden, denn es gab kaum ein Land der Erde, in dem nicht Gold gefunden wurde. Als die ältesten Fundstätten gelten Ophir (lag wahrscheinlich bei Zambesi und Limpopo [7, 82]), Ägypten, Kleinasien, Thrazien, Arabien, Indien, Goldküste, Transvaal (lag im Nordosten der Republik Südafrika). In Mitteleuropa Rußland, Ungarn, Spanien) wurde wohl seit dem zweiten Jahrtausend v. u. Z. Goldwäsche betrieben und für Südosteuropa sind goldene Zeitzeugnisse aus dem Gräberfeld bei Warna für 4000 v. u. Z. nachgewiesen. Und im Mittelalter wurden auch in geringem Maße in England, Schweden, Böhmen, Mähren, Karpaten, Siebenbürgen, Sachsen (Schneeberg, Reichenau, Hohenstein-Ernstthal) und im Thüringer Wald (Reichmannsdorf, Goldisthal) Gold gewonnen [7, 36, 82].

Hier gilt es anzumerken, für die Errichtung des römischen Weltreiches waren geraubtes Gold und Silber ein wichtiges Fundament. Diesbezüglich brachten die Römer alle bekannten Minen und Schätze der damals bekannten Welt unter ihre Kontrolle. Infolgedessen führten sie diese Edelmetalle nicht nur als feste Währung ein, sondern sie nutzten sie ebenfalls zur sichtbaren Repräsentation ihres Reichtums und Prestiges [36], [44] wie auch dem religiösen Kult [76].

Und mit dem Zerfall des Römerreiches hörte nahezu die Goldgewinnung erst einmal auf. Einen gewissen Aufschwung nahm sie im Mittelalter und in der Zeit der ausgeprägten Alchemie. Mit dem Zustrom von Gold aus Afrika, Indien und Amerika ab dem 16. Jahrhundert wird das Gesamtaufkommen spürbar höher. Besonders stark befallen vom Hunger nach dem leuchtend gelben, glänzenden Gold waren verschiedene europäische Eroberer, insbesondere die Spanier, nach den Fahrten von Christopher Columbus (1451 [?] bis 1506), wodurch es eine Zeit lang zur reichsten Nation Europas wurde.

Gold war auch Triebfeder für den spanischen Eroberer Hernán (auch Hernando) Cortés (1585 bis 1547), das Volk der Azteken zu unterwerfen und ihr gesamtes Gold zu entführen, gleiches gilt auch für den spanischen Conquistador Francisco Pizarro González (1476 oder 1478 bis 1541), der das Reich der Inka eroberte. Folgend, d. h. Ende des 17. Jahrhunderts, kam es auch

[7, 82] Tafel, V.; Wagenmann, K.: Lehrbuch Metallhüttenkunde, Bd. I, Leipzig: Hirzel 1927, 1951.
[36] Wikipedia: Gold – Geschichte – Vorkommen und Förderung – Gewinnung, 2010.
[44] Seilnacht. Th.: Periodensystem: Gold; http://www.seilnacht.com/Lexikon/79Gold.htm.
[76] Wagner, H.: Sol und Luna Zusatz. Auf den Spuren von Gold und Silber, Degussa AG 1973.

zu reichen Goldfunden in Brasilien (Provinz Sâo Paulo und Minas Geraes) exakt ab 1693/1695. Historiker bezeichnen dies auch gern als den ersten Goldrausch in der Geschichte des Goldabbaus. Belegt ist dieser durch die Goldlieferungen im fast gesamten 18. Jahrhundert nach Europa in Höhe von zehn bis fünfzehn Tonnen Gold pro Jahr [27].

Neben diesem berühmt gewordenen gab es weitere, wie z. B. die Nordamerikanischen, den Kalifornischen Gold Rush (1848/49 um San Francisco, Sacramento, ebenso 1849 in Mariposa County; 1850 am Gold Hill in Grass Valley; 1851 in Greenhorn Creek, Kern County bzw. Kern-River-Region), den Colorado Gold Rush (1858 im South Platte River um Denver) und den bei Custer in den Black Hills in South Dakota, wie auch die in Alaska und Kanada, z. B. der am Klondike River (1896 bei Dawson City am Bonanza Creek, ElDorado Creek) und der am Yukon River (1896/1898), außerdem den Australischen in Bathurst (1851, besonders New South Wales und Victoria), den in Temora (1879 in South Wales), den in Teetulpa (1886 in South Australia), den in Coolgardie (1892 Western Australia, Kalgoorlieregion, Fundort des bisher größten Nuggets mit 71 Kilogramm [44]), den Neuseeländischen (um 1861 in Otago); den Südafrikanischen in Transvaal (1886, besonders in Witwatersrand). Einzubeziehen in die bedeutsamen Goldfunde sind auch die in Oregon 1850, in Nevada 1849 mit dem Comstock-Lode, der 1860 bis 1875 für 360 Millionen Mark Gold lieferte, in Montana (1863 in St. Virginia) und die in Idaho (1863), außerdem in Indien 1880. Also: es gibt kaum ein Land der Erde, in dem nicht Gold gefunden wurde [7, 36, 40, 41, 82] und ergo: die Magie des Goldes zog 1848 etwa 4.000 Goldsucher nach Kalifornien und 1849 strömten über 100.000 dahin.

Den „König der Metalle" – das „Gold" – nannten die alten Ägypter „Nub" (Nubien), die Hebräer „Sahab", die Griechen „Chrysos", die Römer „aurum". Sein deutscher Name geht auf die indogermanische Wurzel „ghel" (gleichzusetzen mit gelb bzw. glänzend) zurück. Im Englischen wird es jetzt mit „gold", im Französischen mit „or" sowie im Italienischen und Spanischen mit „oro" im Wortschatz geführt. Letztendlich muß erwähnt werden, dieses chemische Element, welches zu den Edelmetallen gehört, trägt das Symbol „Au", welches sich von der lateinischen Bezeichnung „aurum" (das „Gold") ableitet, u. a. [36], [7, 82].

Es dürfen auch im Rahmen dieses Werkes folgende Aussagen über den „König der Metalle" nicht vergessen werden, nämlich: Obwohl Gold ein kaltes Metall ist, hat es nicht nur einen warmen Glanz, sondern auch noch dazu eine außergewöhnliche Ausstrahlung. Außerdem ist ihm eigen, fast alles läßt sich mit ihm vergolden; Gold kann Wandgestaltungen, Spiegel und Stoffe veredeln, sinnliche Skulpturen, Mosaike und Gewänder schaffen, Möbel, Gespanne und Reliquiars sinnvoll ergänzen, Rahmen, Büsten und Insignien einen wertvollen Zauber verleihen, Menüs, Nutriments wie auch Drinks nicht nur in ihrem Wert steigern, sondern sie erhalten mit ihm neben einem umwerfenden Aussehen auch noch eine wertvollere Aura. Letztendlich, all dieses bringt die „Seele des Goldes" zum Schimmern.

Aus jetziger Sicht sei vermerkt, daß auf den Kontinenten die Goldvorkommen, die Vorräte an seinen Legierungsmetalle wie auch die von vielen der anderen Metalle zu Ende gehen. Somit wird der Kontinentalschelf, der flache, küstennahe Meeresboden, der bis zu 200 Meter unter

[7, 82] Tafel, V.; Wagenmann, K.: Lehrbuch Metallhüttenkunde, Bd. I, Leipzig: Hirzel 1927, 1951.
[27] North, M.: Das Geld und seine Geschichte, München: C. H. Beck 1994.
[36] Wikipedia: Gold – Geschichte – Vorkommen und Förderung – Gewinnung, Abruf: 2/2010.
[40] Goldrausch – Wikipedia: http://www.de.wikipedia.org/wiki/Goldrausch, Abruf: 2/2010.
[41] Kalifornischer Goldrausch, Wikipedia: de.wikipedia.org/wiki/Kalifornischer_Goldrausch, 1/2010.
[44] Seilnacht. Th.: Periodensystem: Gold; http://www.seilnacht.com/Lexikon/79Gold.htm.

dem Meeresspiegel liegt, zukünftig auch für Unterwasserbergwerke mehr und mehr interessant. Ende des 20. Jahrhunderts waren es schon mehr als zehn Länder, die bereits aus dem Kontinentalsockels Erze und auch Gold gewannen [1, 2, 23, 27, 29-33, 36, 38-41, 44].

Und zum Abschluss soll der Vollständigkeit wegen auch noch etwas auf den Goldeifer in Deutschland für den Zeitraum vom Mittelalter bis ins 20. Jahrhundert eingegangen werden, wobei zur Botschaft darüber sowohl auf Harald Elsner [43] wie auch auf das von ihm eingebundene Schrifttum, konkret auf die Quellen [3], [6], [12], [26], [29], [30], [32], [43], zurückgegriffen wird. Daraus ist zu ersehen, daß auch Deutschland vertretbar ergiebige Goldvorkommen besaß und dadurch ebenfalls ein wichtiger Goldproduzent bis zur Entdeckung der bedeutenden Goldvorkommen in Kalifornien (1848), Australien (1851), Colorado (1858), Alaska (1872), Südafrika (1886) sowie Kanada (1896) war, das auch die Literaturstellen [7], [36], [37] und [39-41] , [82] sehr deutlich belegen.

Gewonnen wurde es in Deutschland sowohl von Seifengold aus den deutschen Flüssen, so in Westdeutschland aus dem Rhein, in Sachsen aus der Göltzsch, in Thüringen aus der Schwarza, wie auch von Berggold vordergründig am Eisenberg in Hessen und im Thüringischen sowie Oberpfälzer Wald. Von Heinrich Quiring [6] und zeitnaheren Daten [43] ist zu erfahren, daß in Deutschland seit dem Mittelalter u. a. rund 102 Tonnen Gold aus einheimischen Erzen gewonnen wurden. Außerdem setzt Elsner in [43] ins Bild, daß sich die Gewinnung von Gold aus dem Seifengold des Rheins bis auf die Kelten zurückführen lässt, und, daß von ihnen diese Goldwaschkunst auf die Römer und von diesen auf die Germanen, Alemannen bzw. Franken überging.

Im Weiteren wird unterrichtet, als Höhepunkt Reingoldgewinnung gilt die Rheinkorrektur und -begradigung von 1817 bis 1866, wo in der Karlsruher Münze von 1804 bis 1834 genau 150 Kilogramm Gold, von 1800 bis 1869 sogar 306 Kilogramm und im gesamten nachweisbaren Zeitraum 1748 bis 1874 insgesamt 363,3 Kilogramm angenommen wurden.

Kundzutun ist auch, da die offiziellen Aufkäufer jedoch meist den realen Goldpreis überaus drückten, kann von einer hohen Schmuggelrate ausgegangen werden. Deshalb nehmen Historiker an, daß nur ungefähr ein Drittel des geförderten Goldes gemeldet wurde, womit die Gesamtmenge des bisher aus dem Rhein geförderten Goldes zirka eine Tonne betragen dürfte.

[3] Wichdorff, H. H. v.: Beiträge zur Geschichte des Thüringer Bergbaus ... des Thüringer
      Waldes und Frankenwaldes, I. Teil, Archiv für Lagerstättenforschung, Berlin 4 (1914).
[7, 82] Tafel, V.; Wagenmann, K.: Lehrbuch Metallhüttenkunde, Bd. I, Leipzig: Hirzel 1927, 1951.
[6] Quiring, H.: Geschichte des Goldes, Stuttgart: Ferdinand Enke Verlag 1948.
[12] Kirchheimer, F.: Über das Rheingold, Jahreshefte des Geologischen Landesamtes Baden-
      Württemberg, Freiburg i. Br.: Kircheldorf-Verlag 1965.
[26] Schäfer, K.: Die Geschichte des Goldbergbaus am Eisenberg bis zum Ende des 17. Jahrhunderts,
      Korbach: Selbstverlag 1993.
[30] Schade, M.: Gold in Thüringen, Thüringer Wald, Schiefergebirge, Frankenwald; Thüringer
      Landesanstalt für Geologie Weimar 2001.
[32] Schade, M.: Zum Goldbergbau in Thüringen, in Beiträge zur Geologie von Thüringen, Heft
      12/2005, Jena: Herausgeber Thüringischer Geologischer Verein e. V. 2005.
[36] Wikipedia: Gold – Geschichte – Vorkommen und Förderung – Gewinnung, Abruf: 2/2010.
[37] Wikipedia: Goldrausch – http://www.de.wikipedia.org/wiki/Goldrausch, Abruf: 2/2010.
[39] http://www.de.wikipedia.org/wiki/Kalifornischer_Goldrausch, Abruf: 2/2010.
[43] Elsner, H.: Goldgewinnung in Deutschland – Historie und Potential,
      http://www.bgr.bund.de/nn_3249/DE/Gemeinsames/Produkte/.../30_gold.pdf, Abruf: 2/2010.

Auch an zahlreichen anderen deutschen Flüssen wurde nach [43] Gold gewaschen, so war es in Thüringen die Schwarza, wo dies seit dem frühen Mittelalter geschah. Dieser Autor berichte darin auch, um 1530 seien da 20 Goldwaschgewerkschaften aktiv gewesen. Relevant ist auch die Informierung von Hans Heß von Wichdorff in [3], worin die gesamte Goldproduktion aus der Schwarza auf vier Tonnen geschätzt wird. Und nach Markus Schade [30], [32] wird das ursprünglich gewinnbare Gold in allen thüringischen Bächen und Flüssen auf zwölf Tonnen geschätzt, von denen rund zehn Tonnen seit dem Mittelalter ausgewaschen wurden [43].

Gleichfalls, so Harald Elsner in [43], sollen in Sachsen vermutlich schon vor 1232 an der Elbe Goldwäscher, nachweislich aber ab 1470 bis in das 18. Jahrhundert hinein gearbeitet haben. Aus dem von ihnen ausgewaschenen Elbegold soll der sächsische Kurfürst Johann Friedrich der Großmütige (1503 bis 1554), der von 1532 bis 1554 regierte, eine Kette im Gewicht von 3,6 Kilogramm besessen haben, welches bei Torgau aus der Elbe ausgebracht worden war.

Nach diesem Autor sind möglicherweise aus diesem Fluss eine unter einhundert Tonnen liegende Goldmenge gewonnen worden. Gleichfalls wird darüber berichtet, daß entsprechend ersten urkundlichen Erwähnungen aus dem Jahr 1564 Gold auch aus der Göltzsch gewonnen wurde. Außerdem arbeiteten in Sachsen noch andere Goldwäschereien, z. B. bei Weida, an der Freiberger und Zwickauer Mulde, der Zschopau sowie an anderen kleineren Gewässern.

Ebenso wurde auch aus einigen der bayerischen Flüsse nachweislich Gold gewaschen [43], so ab dem frühen Mittelalter an der Donau, Salzach, Alz, Windach, Ammer, Amper, an dem Inn und an der Isar. Aus der Isar, so Harald Elsner [43], wurden im Zeitraum 1631 bis 1670 ausgewiesen 1,735 Kilogramm Gold gewaschen; und aus Isar und Inn wurden 1718 insgesamt 634 Gramm Gold ausgebracht; und von 1730 bis 1732 wurden aus der Isar erwiesenermaßen 1,455 Kilogramm, 1761 bis 1773 4,132 Kilogramm, 1837 bis 1843 genau 4,523 Kilogramm bzw. 1847 bis 1853 exakt 6,341 Kilogramm an die Münze in München abgeliefert. In Summe wird eine Gesamtmenge des aus bayerischen Flüssen ausgebrachten Waschgoldes auf maximal 50 Kilogramm taxiert.

Festzuhalten gilt es überdies von Karl Schäfer aus [34], daß auch Deutschlands Eder seit dem Mittelalter Gold lieferte, möglicherweise ab der Zeit Karls des Großen [43]. Aus einer alten Abrechnung, so nennt er, geht hervor, daß innerhalb von zehn Wochen im Sommer 1708 von Goldwäschern da 39,3 Kilogramm Schwermineralkonzentrat ausgewaschen wurden, die 91,4 Gramm Gold enthielten. Und in der 2. Hälfte des 18. wie auch zu Beginn des 19. Jahrhunderts sollen jährlich 70 bis 90 Gramm Gold aus diesem Fluss gewonnen und in die Münze nach

[3] Wichdorff, H. H. v.: Die Goldvorkommen des Thüringer Waldes und Frankenwaldes und die Geschichte des Thüringer Goldbergbaus und der Goldwäschereien, Archiv für Lagerstättenforschung, Berlin 4 (1914).

[12] Kirchheimer, F.: Über das Rheingold, Jahreshefte des Geologischen Landesamtes Baden-Württemberg, Freiburg i. Br.: Kircheldorf-Verlag 1965.

[30] Schade, M.: Gold in Thüringen, Thüringer Wald, Schiefergebirge, Frankenwald; Thüringer Landesanstalt für Geologie Weimar 2001.

[32] Schade, M.: Zum Goldbergbau in Thüringen, in Beiträge zur Geologie von Thüringen, Heft 12/2005, Jena: Herausgeber Thüringischer Geologischer Verein e. V. 2005.

[34] Schäfer, K.: Die Geschichte des Goldbergbaus am Eisenberg bis zum Ende des 17. Jahrhunderts, Korbach: Selbstverlag 1993.

[43] Elsner, H.: Goldgewinnung in Deutschland – Historie und Potential, http://www.bgr.bund.de/nn_3249/DE/Gemeinsames/Produkte/.../30_gold.pdf, 2/2010.

Kassel abgeliefert worden sein.

Dagegen geht Franz Kirchheimer [12] von maximalen Jahresausbeuten von einigen einhundert Gramm entlang der gesamten Eder aus, andere Schätzungen [43] belaufen sich auf durchschnittlich 500 Gramm jährliche Goldausbeute. Und von der Hessisch-Waldeckische Compagnie zur Gewinnung des Goldes aus dem Edder-Flusse wurden unter Wilhelm Ludwig Freiherr von Eschwege (1777 bis 1855) [45] von 1832 bis 1860 lediglich nur rund 330 Gramm Waschgold gewonnen. Als Ende für das dortige Gold gilt 1991, wo das Naturkundemuseum Dortmund nochmals Medaillen aus annähernd 500 Gramm Edergold prägte; in Summe des da seit 1677 gewonnenen Goldes beläuft sich an die zwanzig Kilogramm [43].

Harald Elsner führt in [43] vor Augen, daß „schon die Altvorderen konnten häufig das Gold der Flüsse und Bäche bis zu den einzelnen Primärgoldlagerstätten" (dem Berggold – d. A.), zurückverfolgen, so das Edergold bis zum nahen Eisenberg bei Korbach. Dieser soll je nach Autor und Untersuchung noch zwischen 800 Kilogramm und 10 Tonnen Gold enthalten".

Der Vollständigkeit halber führt Harald Elsner in [43] auch weitere bedeutende historische Berggoldreviere Deutschlands an, wie z. B. Goldkronach-Brandholz im Fichtelgebirge, das Gebiet zwischen Oberviechtach und Rötz im Oberpfälzer Wald und insbesondere da Neualbenreuth, Rammelsberg im Harz, Hohenstein-Ernstthal am Rande des sächsischen Erzgebirges sowie Reichsmannsdorf, Steinheid und Goldisthal im Thüringer Wald.

Wenn über Gold und seine Verwendung gesprochen bzw. geschrieben wird, da gehört es echt dazu, auch auf seine außergewöhnliche wie auch kunstvolle Verarbeitung als Schmuckmetall mit dem faszinierenden Material Bernstein und mit Diamanten, Smaragde, Jade, Onyx und Rubinen in Größenordnung im so genannten „The Eighth Wonder of the World" – dem von einzigartiger Schönheit geprägtem, vom Preußenkönig Friedrich I. (1657 bis 1713) in Auftrag gegebenen, von Danziger Kunsthandwerkern geschaffenen berühmtesten Meisterwerk und Opus und dem Zar Peter den Großen, geboren als Pjotr Alexejewitsch Romanow (1672 bis 1725), im Jahre 1716 geschenkten Bernsteinzimmer [52 bis 56] wie auch auf die am 07.03.2010 wiedereröffneten wundervollen „Türckischen Cammer", Seite 20, einzugehen.

Eingesetzt wurden für dieses im Katharinenpalast von Zarskoje Selo (Zarendorf) bei Sankt Petersburg etablierten, aufgrund seiner einzigartigen Schönheit, weit als „achtes Weltwunder" anerkannte Bernsteinzimmer (Englisch: The Amber Room; Russisch: Янтарная комната), mit fast einhunderttausend kunstvoll gefertigten, vergoldeten Bernsteinpanels, vielen mit Goldauflage versehenen Bilderrahmen, Medaillons, Wappen, Spiegeln und den römischen

[12] Kirchheimer, F.: Über das Rheingold, Jahreshefte des Geologischen Landesamtes Baden-Württemberg, Freiburg i. Br.: Kircheldorf-Verlag 1965.
[43] Elsner, H.: Goldgewinnung in Deutschland, Historie und Potential, Commodity Top News Nr. 30; http://www.bgr.bund.d/nn_324956/DE/Gemeinsame/Produkte/.../30_gold.pdf, Aufruf: 2/2010.
[52] Bernsteinzimmer – Wikipedia, die freie Enzyklopädie; http://www.en.wikipedia.org/wiki/Amber_Room.
[53] Bernsteinzimmer –Crystalinks, http://www.crystalinks.com/amber.room.html.
[54] Christian, C.: Bernsteinzimmer - Geheimnisse der Geschichte - US News Online, http://www.usnews.com/usnews/doubleissue/.../amber.htm.
[55] Bernsteinzimmer – Wikipedia, de.wikipedia.org/wiki/Bernsteinzimmer.
[56] St. Petersburg, http://www.home.arcor.de/mateng61/russland/petersburg.htm.

Göttinnen Minerva (Göttin der Handwerke und des Gewerbes) und Pomona (Göttin des Obstsegens) mehr als einhundert Kilogramm Blattgold sowie über sechs Tonnen Bernstein [52] bis [56]. Schlussendlich ist mit dem Einbeziehen des weltweit größten Kunstwerks wie auch verloren gegangenen Prunkstücks aller Zeiten in dieses Werk zum „König der Metalle" beabsichtigt, die Großartigkeit des Goldes exponiert zu würdig.

Dies hier Angeführte führt zu einer Assoziation zum bereits erwähnten Blattgold, nämlich, daß es nicht nur einst zu den Anfängen der Metallformung in Anwendung stand, sondern auch bis in die Gegenwart zur dekorierenden Innen- und Außenvergoldung von repräsentablen und historischen Bauten, Gebäudeteilen, Turmspitzen, Ensembles, vollständigen bzw. partiellen Vergoldung von Gebrauchsartikeln, Kunstgegenständen, Stuck, Mobiliar, Bilderrahmen, Figuren, Ikonen, Inschriften, Schnitt- und Prägearbeiten verwendet wird u. a. [19], [65], [68].

Mit diesem Jahrtausende alten, von Goldschlägern über viele Menschenzeitalter etablierten Traditionshandwerk der Goldschlägerei wurde beispielsweise auch Blattgold für das im Jahre 1956 restaurierte, auf dem Dresdener Neustädter Markt errichtete, in Kupfer getriebene Reiterstandbild des sächsischen Kurfürsten und polnischen Königs August des Starken (1670 bis 1733) in der Haltung eines Cäsaren, welches der Kunstschmied Ludwig Wiedemann nach Entwürfen des französischen Hofbildhauers Jean-Joseph Vinache (1696 bis 1754) aus den Jahren 1832 bis 1736 schuf, angewendet. Ein weiteres Zeugnis dafür ist ebenfalls der Dresdener Goldene Rathausmann - „Genius der Stadt", eine 5,35 Meter hohe Bronzestatue mit Füllhorn, den Albert Eduard Richard Guhr (1873 bis 1956) im Jahre 1910 fertig stellte [66].

Zur erwähnten Neuvergoldung des „Goldenen Reiters", dem Reiterstandbildes August des Starken in der sächsischen Landeshauptstadt Dresden ist hinzuzufügen [67], daß dafür nur 140 Gramm Blattgold für die vierzig Quadratmeter große Oberfläche benötigt wurden [19]. Ein solch sparsamer Goldverbrauch basiert auf der fulminanten Kunst und dem grandiosen Können der Goldblattschläger Blättchen in der Größe von 100 x 100 (beschnitten von 80 x 80) Millimeter mit unvorstellbarer Dicke von einem Zehntausendstel und noch feiner auszuschlagen. Der Vollständigkeit wegen, ist anzumerken, ursprünglich war dieser feuervergoldet [67].

Des Weiteren konnte beim Literaturstudium herausgefunden werden, daß für das Blattgold folgende weitere imposante, interessante Verwendungsbeispiele gibt, nämlich, daß es im Buddhismus zum Beispiel für rituelle Opferhandlungen verwendet wird. Außerdem bestätigte

[19] Lietzmann, K.-D.; Schlegel, J.; Hensel, A.: Metallformung, Leipzig: DVfG *) 1984, s. S. 15.
[52] Bernsteinzimmer – Wikipedia, die freie Enzyklopädie;
    http://www.en.wikipedia.org/wiki/Amber_Room.
[53] Bernsteinzimmer –Crystalinks, www.crystalinks.com/amber.room.html.
[54] Christian, C.: Bernsteinzimmer - Geheimnisse der Geschichte - US News Online,
    http://www.usnews.com/usnews/doubleissue/.../amber.htm.
[55] Bernsteinzimmer – Wikipedia, de.wikipedia.org/wiki/Bernsteinzimmer.
[56] St. Petersburg, home.arcor.de/mateng61/russland/petersburg.htm.
[66] Goldener Rathausmann (Dresden) Wikipedia:
    http://www.de.wikipedia.org/.../Goldener_Rathausmann_(Dresden).
[65] http://www.froufrou.de/schmucklexikon/gold.html, 1/2010.
[67]Goldener Reiter (Reiterstandbild) – Wikipedia: http://www.de.wikipedia.org/.../Goldener_Reiter.
[68] Blattgold – Wikipedia: http://www.de.wikipedia.0rg/wiki/Blattgold, 1/2010.

das Schrifttum, sein Verzehr mit dem Danziger sowie Schwabascher Goldwasser sowie dem Goldcuvée mit Goldlikör bzw. dem Österreich Gold von Inführ Sekt ist gut verträglich. Seine Ungiftigkeit bestätigt auch, daß 22-karätiges Blattgold als Lebensmittelfarbstoff E 175, was zum Vergolden von Speisen verwendet wird und, daß Blattgold ebenso für besondere Effekte zur Körperbemalung und zum Schminken benutzt werden darf [68].

Was das Blattgold anbelangt, da wäre noch hinzuzufügen, daß dies die Lebensmittelindustrie in Form von Flocken, Pulver, Shabin beispielsweise für die Herstellung von exquisiter Produkte, wie Schokolade, Pralinen, Likör, Sekt, Schaumwein, verwendet. Und aus der Kosmetikindustrie ist bekannt, daß es da vornehmlich als Färbemittel seine Anwendung findet. Außerdem muß ebenso noch auf die Goldfolienverwendung in der Nanotechnologie mit hingewiesen werden, denn in diesem zukunftsträchtigen Technologiezweig spielt das Gold, verarbeitet zu hauchdünnen so genannten Miniaturteppichen von 200 Nanonmetern für den Einsatz in optoelektronischen Bausteinen, eine exzellente Rolle. Obendrein bieten die goldenen Fadenmoleküle die Möglichkeit, Nanoroborter für die Medizin zu schaffen, die in der Lage sind, Medikamente direkt in die menschliche Krebszelle, verbunden mit höheren Therapiechancen, zu injizieren. Sonach könnte Gold real der Faden sein, die Nanotechnik mit der Biotechnologie zu verbinden [73].

Schlussendlich sollen noch drei wichtige Nuancen zum Gold im Fokus stehen, nämlich:

- Erstens: Wo kommt das zukünftige Gold her?
  Hierzu läßt sich sagen, weltweit gibt es gegenwärtig dafür mehr als 900 Minen;

- Zweitens: Welche Verfahren stehen zu der Goldgewinnung bereit?
  Für diesen Zweck werden weiterhin die altbewährten Technologien verwendet, wie das Waschen des Feingoldes, auf welche Weise knapp die Hälfte des Goldes gewonnen wird, die Cyanidlaugung verbunden mit einer Reinigung des Goldes mittels Chlorgasraffination oder Elektrolyse, wie die Elektrolytreinigung des Kupfers, wie das Einschmelzen von altem Gold oder aus dem Recycling von Elektronik- insbesondere Computerschrott [91].

- Drittens: Wo können Vergoldungen von Hilfe sein?
  Dienten zu früheren Zeiten (gemeint sind das 16. und 17. Jahrhundert) die Vergoldungen in den Bereichen Technik und Wissenschaft rein dekorativen Zwecken, beispielshalber der zierenden Gestaltung vergoldeter Himmelsscheiben und Zifferblättern von Planetenwerken bzw. astronomischen Automatenuhren wie auch der schmückenden Ausstattung von Destillationsöfen für die alchemistischen Experimente, so dienen sie in der Jetztzeit und auch in der Zukunft (gemeint sind das 20. und 21. Jahrhundert) dem störungsfreien Einsatz von Hochtechnologien speziell in der Technik, insbesondere in der Mikroelektronik, Luft- und Raumfahrt, nebst der Astronautik, unter der Verwendung goldbedruckter Schaltungen, goldbestückter Solartechnik, goldbeschichteter Feinstdrähte, goldbedampfter Arbeitsvisiere, vergoldeter Versorgungsleitungen, goldverfertigte Informatikelemente, Spezialkabel (für die Unterseeverlegung, in Satteliten), aber auch in der Medizin und Medizintechnik, nämlich die radioaktive kolloidale Goldlösung Au-198 zur Organdarstellung mit Hilfe von Farbszintigrammen wie auch Goldsonden zur Trennung von Gehirnbahnen.

[68] Blattgold – Wikipedia: http://de.wikipedia.0rg/wiki/Blattgold, 1/2010.
[73] Gold für die Industrie, Technik, http://www.gold-infos.eu/Gold-Industrie-Technik, Abruf: 2/2010.
[76] Wagner, H.: Sol und Luna. Auf den Spuren von Gold und Silber, Degussa AG 1973.
[91] Gold, wikipedia, Einzelnachweise Nr. 12, http://www.de.wikipedia.org/wiki/Gold, Abruf: 2/2010.

Zusammenfassend läßt sich aussagen: Zu allen Zeiten waren die Menschen vom Gold fasziniert, von der Schönheit und Seltenheit dieses Edelmetalls wie auch von seinen herausragenden Eigenschaften. Dazu haben sie bizarre Beschwernisse auf sich genommen, um in den Besitz des „Königs der Metalle" zu kommen, wobei sie oft keine Hemmungen besaßen, andere drunter leiden zu lassen. Nichtsdestotrotz hat das Gold über Zeiten und Kulturen eine außergewöhnliche Rolle gespielt, nämlich seit früher Zeit dienten Kunstwerke aus Gold dem religiösen Kult, der königlichen Repräsentation und dem anmutigen Schmuck und Gold war zugleich auch wertvoller materieller Besitz und realer Schatz wie auch verfügbares Kapital, aber nicht zu vergessen, eine dingliche Grundlage politischer und wirtschaftlicher Macht. Mit der in der Publikation aufgezeigten Vielfältigkeit und Doppelfunktion des Goldes wird versucht, an ausgewählten Beispielen den besonderen kulturellen, pekuniären sowie strategischen Rang dieses Edelmetalls zu zeigen. Zugleich wird mit den vorliegenden Darstellungen zur Anwendung des Goldes die Absicht verbunden, seine immer stärker werdende Verwendung für technische Zwecke, basierend auf seinen ungewöhnlichen physikalischen und chemischen Eigenschaften, herauszuarbeiten. Also führt die Spur zum Gold von den antiken Goldmasken über die Erzeugnisse der Goldschmiedekunst des Mittelalters und die Stilarten Gotik, Renaissance, Barock, Rokoko, Empire, Biedermeier, Klassizismus, Jugendstil sowie Neue Sachlichkeit bis hin ins 21. Jahrhundert, wo der Exkurs bei den goldbestückten Solaröfen sowie goldbedampften Helmvisieren der Kosmonauten und den radioaktiven kolloidalen Goldlösungen Au-198 zur Darstellung von Organen mit Hilfe von Farbszintigrammen wie auch Goldsonden zur Trennung von Gehirnbahnen in der Medizin endet.

Noch eins läßt sich über Gold hinzufügen, sein Wert trotzt aller Zeit, und es war und ist stets der Inbegriff für Reichtum, prachtvollen Zierrat und für Prestige. So war, wie allgemein bekannt ist, die Gier nach dem Gold immer wieder Grund für Kriege, Eroberungsfeldzüge, Annektierungen, Repressionen, Plünderungen wie auch Zerstörung von indigenen Kulturen u. a. [76].

Was lehrt nun dieser geschichtliche Exkurs durch die Entwicklungsgeschichte des Primus der Metalle, dem Gold? – Auf den Punkt gebracht, läßt es sich mit folgenden Worten aus [19] ausdrücken:

Auri sacra fames! - Gold, Lockung und Fluch!

Da zwischen dem vorliegenden Beitrag: „Historische Betrachtung zum 'König der Metalle' – dem Gold.", und den Traktaten: „Die sieben Metalle der Antike. Gold. Silber. Kupfer. Zinn. Blei. Eisen. Quecksilber." [35] sowie: „Silber - ein Metall des Altertums und der Gegenwart." [84] enge kausale Zusammenhänge bestehen, sind ihre Abstracts [85], [86] auf den Seiten 31 und 32 auch Bestandteil dieser Publikation.

[19] Lietzmann, K.-D.; Schlegel, J.; Hensel, A.: Metallformung, Leipzig: DVfG *) 1984, s. S. 15.
[35] Piersig, W.: Die sieben Metalle der Antike, München: GRIN Verlag, V141999, 1/2010.
[76] Wagner, H.: Sol und Luna. Auf den Spuren von Gold und Silber, Degussa AG 1973.
[84] Piersig, W.: Silber - ein Metall des Altertums und der Gegenwart, München: GRIN-Verlag 2010.
[85] Piersig, W.: Abstract zur Veröffentlichung: Die sieben Metalle der Antike. Gold. Silber. Kupfer. Zinn. Blei. Eisen. Quecksilber, München: GRIN Verlag 2009.
[86] Piersig, W.: Abstract zur Veröffentlichung: Silber - ein Metall des Altertums und der Gegenwart, Beitrag zur Technikgeschichte, Band 15; München: GRIN Verlag 2010.

Überblick zur Verwendung der sieben Metalle des Altertums in der Antike [25].

Gold und Silber
Herstellung von Luxusgegenständen, Juweliererzeugnissen, Schmuck, Amuletten und Barren; Fertigung von Statuen, Tempelgeräten, Opferschalen, Grabausstattungen, Spiegeln, Pokalen, Bechern, Becken, Vasen, Truhen, Möbeln, Gefäßen, Kannen, Schüsseln, Masken, Kronen, Speere, Dolche, Helme, Medaillons, Orden, militärische Abzeichen, Grabplatten; Fäden für textiles Gewebe für Paradeuniformen, Tuniken, Panzer, Harnische, Militärmäntel; Legierungsmetall, Obeliskenspitzen aus Elektrum [93], Einlege- und Plattierungsmetalle; Blatt-Gold bzw. Blatt-Silber; Gold- und Silber-Filigran, Münzmetalle [*1), *2)] [92].

Kupfer
Herstellung von Arbeitsgeräten und Werkzeugen, Haushaltgeräten; Verwendung zur Bronzeherstellung und Fertigung von Bronzewerkzeugen, Bronzewaffen, Bronzestatuen, Bronzegeräten; Kupfertafeln und Kupferplatten; militärischer Bedarf: Metallteile für Belagerungsgeräte, Verteidigungsanlagen, Pinken, Streitäxte, Schwerter, Wurfspieße, Pfeilspitzen, Helme, Schilde, Rüstungen, Beinschützer, Harnische, Trompeten; Schiffsbau: Schiffsbeschläge, Fischereigeräte, Harpunen; Bergbau: Bergbauausrüstungen: Werkzeuge, Beschläge; Bauwesen: Nägel, Stifte, Klammern, Bleche, Platten; Hausbedarf: Gefäße zur Aufbewahrung von Flüssigkeiten Nadeln, Ahlen, Becher; Palast- und Tempeltore, Glocken, Legierungs- und Münzmetall [*3)] [92].

Zinn
Spiegelherstellung, Gefäße für Arznei, Geschirre, Becher, vorwiegender Einsatz zur Bronzeherstellung, Herstellung kosmetischer Mixturen, Anfertigung komplizierter Formen, Medaillen wie auch Münzmetall [*4)] [92].

Eisen
Kriegerische Erfordernisse (Herstellung von Waffen, Schwertern, Pinken, Klingen, Wurfspieße, Harnische, Beschläge für Belagerungsmaschinen, Enden von Rammböcken, Rammsporne, Enterhaken, Anker, Ketten, Steigeisen, Beschläge und Metallteile für Festungstore, mechanische „Hände" des Archimedes); handwerkliche Produktion (Geräte für Steinbearbeitung, Gießerei, Schmiedearbeiten, Schuhmacher- sowie Zimmermannsarbeiten und verschiedenes Werkzeug: wie Hämmer, Ambosse, Schaufeln, Äxte, Sägen, Feilen, Bohrer, Keile, Spaten, Meißel, Hacken, Nägel, Nadeln, Stifte, Niete, Beschläge); Landwirtschaftsbedarf (Pflüge, Pflugschare, Eggen, Rechen, Sensen, Messer, Beile, Zangen, Gabeln, Sicheln); häuslicher Bedarf (Geschirr, Riegel, Haken, Schaber, Rasiermesser, Messer); Juwelierwerkzeuge (Punzen, Stichel); Statuen, Anhänger und Abzeichen, chirurgische Instrumente, verschiedene Tempelgeräte; Bauwesen (Werkzeuge, Träger, Klammern) wie auch Münzmetall [*5)] [92].

[25] Piersig, W.: Die sieben Metalle des Altertums, Schweißtechnik 39 (1989), H. 7, US-Innenseiten.
[92] Piersig, W.: Fußnoten zur Verwendung der sieben Metalle des Altertums, Notiz AU: 2010.
[93] Periodensystem Silber, http://www.seilnacht.com/Lexikon/47Silber.htm, Abruf: 2/2010.

Blei
Bauwesen: Ausfüllen von Fugen bei der Verbindung der Steine mit eisernen Klammern, Herstellung von Wasserleitungs- und Kanalisationsrohren, Befestigungen von Säulen sowie Bronze- und Marmorstatuen, Verwendung als Ballast und zum Ausfüllen in Kolossen; Schiffsbau: Herstellung von Bleischichten für die Abdichtung von Fugen bei Schiffen, Fassreifen, Rohren für Schiffskanalisation, Gegengewichte der Rudergriffe; Kriegsgerät: Anfertigung von Metallkugeln, Beschwerungen für Wurfgeschosse, Gegengewichte für die Balken der Mauerbrecher; Legierungs- und Lötmetall, Spielmarken, Eintrittsmarken fürs Theater; Schmuck, Statuetten, Spiegel, Platten, Stempel. Herstellung von Farben – Bleimennige; Bleiweiß für kosmetische Zwecke, wie auch Legierungsmetall bei einigen Münzmetallen, aber auch Münzmetall [*6)] [92].

Quecksilber
Verwendung zum Amalgamieren von Gold, zur Reinigung des Goldes von Beimengungen, Vergolden von Silber, Kupfer, Bronze, Spiegelherstellung, kein Münzmetall [*7)] [92].

[*1)]	Gold war und ist das wichtigste Münzmetall sowie Geldmittel weltweit und gilt bis heute als Wertmaßstab. Elektron war und ist eine natürliche wie auch hergestellte Münzlegierung (Elektron bzw. Elektrum: 80-50 %, 20-50 % Ag). Heute können Goldmünzen in verschiedenen Legierungen geprägt werden: mit Kupfer (Rotgold: 33,3-58,5 % Au, bis 30 % Cu und 35 % Ag), mit Silber (Grüngold: 33,3 %, meist 58,5-75 % Au; 41,5-25 % Ag), mit Kupfer und Silber (Gelbgold: 33,3-75 % Au; 53,4-12,5 % Ag; 13,3-12,5 % Cu), mit Zink u. Nickel (Neusilber: 45-65 % Cu; 5-45 % Zn; 10-25 % Ni) oder Palladium, Weißgold (65-80 % Au; 35-20 % Pd oder 33,3-75 % Au, bis 66,7 % Ni, bis 10 % Cu und Sn).
[*2)]	Silber ist eins der am häufigsten verwendeten Münzmetalle sowohl rein sowie legiert, z. B. Sterlingsilber (92,5 % Ag; 7,5 % Cu); Billon (Kupfermatrix; unter 50 % Ag). Zu beachten ist, Silbermünzen sind keinesfalls so korrosionsbeständig wie die aus Gold.
[*3)]	Kupfer ist neben Gold und Silber das am häufigsten verwendete Münzmetall, vor allem wegen seiner hervorragenden Legierungseigenschaften, insbesondere zur Prägung von Umlaufmünzen.
[*4)]	Zinn wurde und wird selten für Münzen, aber häufig bei Medaillen verwendet, weil es ein sehr weiches Metall ist. Bei der Münzherstellung selbst ist es meist Bestandteil von verschiedenen Münzlegierungen. Gegen reine Zinnmünzen bzw. die mit hohem Zinngehalt sprechen die beiden Zinn-Modifikationen (α-Sn; β-Sn).
[*6)]	Eisen (auch Stahl) wurde früher vielfach und heute gemiedener als Münzmetall eingesetzt, indem es als eiserner Kern benutzt, meist mit Kupfer oder Messing überzogen (plattiert) wurde. In der Vorzeit bzw. in Notzeiten ersetzte das Eisen die teuere Bronze.
[*5)]	Blei wird nur selten und auch nur als Zugabe bei Münzmetallen verwendet, da es sehr weich ist und schnell brüchig wird, genutzt wird es eher für Plaketten und Medaillen.
[*7)]	Quecksilber spielt bei der Münzherstellung eine Rolle, aber nicht als Münzmetall.

Anlage: Überblick zur Verwendung der sieben Metalle des Altertums in der Antike [25].

[25] Piersig, W.: Die sieben Metalle des Altertums, Schweißtechnik 39 (1989), H. 7, US-Innenseiten.
[92] Piersig, W.: Fußnoten zur Verwendung der sieben Metalle des Altertums, Notiz AU: 2010.

Überblick zur Türckischen Cammer [87].

In der so genannten „Türckischen Cammer", einer Schatzsammlung in den Staatlichen Kunstsammlungen in Sachsens Elbmetropole, mit über 1.000 Einzelstücken, bestehend aus Waffen, Panzerhemden, Helme, Schmuck, Staatszelten, Stoffe, Gewändern, Fahnen und Prunkreitzeuge (Sattel, Kandare, Bügel) wie auch Alltagsgegenständen aus dem osmanischen Reich, die vor 300 Jahren auf mysteriösen Wegen, zurzeit August des Starken beginnend, nach Sachsen kam, sind u. a. de luxe Gold- und Silberarbeiten besonders hoch entwickelter Handwerkskunst vorrangig aus der Zeit der Eroberungszüge osmanischen Fürsten (des 17./ 18. Jahrhunderts) bzw. dem osmanischen Reich vom 16. bis zum 19. Jahrhundert im Bestand.

Dieser am 7. März 2010 in der kurfürstlich-sächsischen Rüstkammer des Dresdener Residenzschlosses nach über 60 Jahren wiedereröffnete Salon „Türckische Cammer", einem der bedeutendsten osmanischer Kunst außerhalb der Türkei, beherbergt ca. 600 Bravourstücke des Metallhandwerks (Gold-, Silber-, Eisen-, Stahl- sowie weiterer Metallschmiedekunst). Prunkstück ist aber das Original des so genannten Türkenzeltes von zwanzig Meter Länge, acht Meter Breite, sechs Meter Höhe. Besonders aufgefallen sind dem Autor ein(e):

- osmanischer Säbel: gefertigt aus Eisenklinge, geschmiedet, geschliffen, Silberbeschlägen, vergoldet und graviert, Gehilze Rochenhaut (16. Jahrhundert, Geschenk des Herzogs Johann von Schleswig-Holstein-Sonderburg, 1545 bis 1622).

- osmanischer Säbel mit Scheide: gefertigt aus Eisenklinge, geschmiedet; Kreuz Eisen, mit Silber belegt, Knaufkappe Silber, Gehilze Leder; Scheide Holz, mit Chagrinleder überzogen, Beschläge Silber, gegossen bzw. getrieben, graviert und vergoldet (16. Jahrhundert, 1602 Schenkung Kaiser Rudolphs II. (1552 bis 1612, Kaiser des Heiligen Römischen Reichs Deutscher Nation, HRR von 1576 bis 1612, Erzherzog von Österreich von 1576 bis 1608) an Kurfürst Christian II. von Sachsen, 1583 bis 1611, Kurfürst ab 1591)

- ungarischer oder polnischer Säbel mit Scheide und Gehänge: Klinge Eisen, geschmiedet, goldtauschiert; Gefäß Eisen, goldtauschiert, Gehilze Leder, Spuren einer Drahtwicklung; Scheide Holz, mit Chagrinleder bezogen, Beschläge Eisen, goldtauschiert; Gehänge Flechtband von Goldgespinst, Rosetten, Ösen, Schnallen und Zungenbeschläge Silber, ziseliert, graviert und vergoldet, mit kleinen Türkisen und Rubinen besetzt auf der Klinge Brustbildnis von Stephan Báthory, 1533 bis 1586, König von Polen und Fürst von Siebenbürgen, (Fertigung: 2. Hälfte des 16. Jahrhunderts).

- siebenbürgischer Pusikan: Schaft Holz, mit getriebenem bzw. graviertem sowie vergoldetem Silberblech überzogen; Schlagkopf Holz, mit vergoldetem Silberblech überzogen, getrieben, graviert, punziert und mit Türkisen besetzt (Ende des 16. Jahrhunderts - vor 1611 Geschenk des kaiserlichen Feldherren Georg von Basta, 1550 bis 1607, an Kurfürst Christian II. von Sachsen).

Eine genauere Beschreibung ausgewählter Objekte aus dieser Dresdener Kunstsammlung wird in die demnächst im GRIN-Verlag GmbH erscheinende Publikation über Gold- und Silberschmiedearbeiten eingeordnet.

[87] Kültür – Geschichte, Staatliche Kunstsammlungen Dresden, Türckische Cammer. http://www.skd-dresden.de/de/.../tuerchische_cammer.html, Abruf: 2/2010.

- 21 -

Literatur.

[1] Berg- und hüttenmännische Zeitung 1 (1842) bis 63 (1904); insbesondere:
Frantz, A.: Gold im Alterthume, BHZ [*], 39 (1880), H. 1, S. 5 ff. sowie:

[2] Meyers Konversations-Lexikon, Siebenter Band, Gold, S. 472/500; Goldgewinnung
(Beilage n. S. 474); Goldschmiedekunst, S. 495/498, Goldschmiedekunst (Beilage mit
Inhaltsangabe n. S. 496); Leipzig: Verlag des Bibliographischen Instituts 1887;
s. a. Internet: Meyers Konversations-Lexikon, 1988: Lexikon '88 > Meyers > Band 7 >
Seiten 7.472 bis 7.500.

[3] Wichdorff, H. H. v.: Beiträge zur Geschichte des Thüringer Bergbaus und zur
montangeologischen Kenntnis der Erzlagerstätten und Mineralvorkommen des
Thüringer Waldes und Frankenwaldes, I. Teil, Die Goldvorkommen des Thüringer
Waldes und Frankenwaldes und die Geschichte des Thüringer Goldbergbaus und der
Goldwäschereien, Archiv für Lagerstättenforschung, Berlin 4 (1914).

[4] Meyers Lexikon, Band 3, Edelmetalle, Sp. 1184; Leipzig: Bibliographisches Institut
1925.

[5] Meyers Lexikon, Band 5, Gold, Sp. 359/386; Gold- und Silbergewinnung I und II
(Beilage n. Sp. 359); Goldschmiedekunst, Sp. 379/381, Goldschmiedekunst I und II
(Beilage n. Sp. 380), Leipzig: Bibliographisches Institut 1925.

[6] Quiring, H.: Geschichte des Goldes, die goldenen Zeitalter in ihrer kulturellen und
wirtschaftlichen Bedeutung, Stuttgart: Ferdinand Enke Verlag 1948.

[7] Tafel, V.; Wagenmann, K.: Lehrbuch der Metallhüttenkunde, Band I: Gold, Silber,
Platin, Kupfer, Quecksilber, Bismut, Leipzig: S. Hirzel Verlagsbuchhandlung 1951.

[8] GMELINS Handbuch der Anorganischen Chemie, Gold; System-Nr. 62,
Weinheim/Bergstraße: Verlag Chemie GmbH 1954.

[9] Remy, H.: Grundriß der anorganischen Chemie, Leipzig: Akademische
Verlagsgesellschaft Geest & Portig KG 1960.

[10] Eisenkolb, F.: Einführung in die Werkstoffkunde, Band IV, Nichteisenmetalle, 84. Gold,
S. 245; 247249, Berlin: Verlag Technik 1961.

[11] Spittel, M,: Metalle im Altertum, Wissenschaft + Fortschritt, Teil 1, 15 (1965), H. 10,
S. 440/444; Teil 2, 15 (1965), H. 12, S. 537/542.

[12] Kirchheimer, F.: Über das Rheingold, Jahreshefte des Geologischen Landesamtes Baden-
Württemberg, Freiburg i. Br.: Friedrich Wielandt von Kircheldorf Verlag 1965.

[13] Meyers Neues Lexikon, Band 5, Gold, S. 528/533, Leipzig: Bibliographisches Institut
1973.

[14] Rachlin, I. V.: Wissenschaftlich technischer Fortschritt und die Effektivität neuer
Werkstoffe, Berlin: Akademie-Verlag 1975.

[15] Autorenkollektiv: Allgemeine Geschichte der Technik von den Anfängen bis 1870,
Leipzig: Fachbuchverlag 1981.

[16] Sawitzkij, E.; Kljatschko, W.: Metalle der kosmischen Ära, Leipzig: DVfG [**] 1982.

[17] Anikin, A.: Gold, Berlin: Verlag die Wirtschaft 1982.

[18] Engels, S.; Nowak, A.: Auf der Spur der Elemente, Leipzig: DVfG [**] 1983.

[19] Lietzmann, K.-D.; Schlegel, J.; Hensel, A.: Metallformung – Geschichte, Kunst, Technik,
Leipzig: DVfG [*] 1984.

[*] BHZ - Berg- und hüttenmännische Zeitung.
[**] DVfG - Deutscher Verlag für Grundstoffindustrie.

- 22 -

[21] Bernsdorf, G.: Auf heißen Spuren vom Schweißen, Löten, Schmieden, Leipzig: Fachbuchverlag 1986.

[22] Wilsdorf, H.: Montanwesen – Eine Kulturgeschichte, Leipzig: Edition Leipzig 1987.

[23] Piersig, W.: Historische Betrachtungen zum „König der Metalle" – dem Gold, Fertigungstechnik und Betrieb 38 (1988), H. 9, S. 564/565.

[24] Brepohl, E.; Koch, R.: Schmuck und Uhren, Leipzig: Fachbuchverlag 1988.

[25] Piersig, W.: Die sieben Metalle des Altertums, ihre Bedeutung und Verwendung in der Antike, Schweißtechnik 39 (1989), H. 7, Umschlaginnenseiten.

[26] Schäfer, K.: Die Geschichte des Goldbergbaus am Eisenberg bis zum Ende des 17. Jahrhunderts, Korbach: Selbstverlag 1993.

[27] North, M.: Das Geld und seine Geschichte, München: Verlag C. H. Beck oHG 1994.

[28] Binder, H. H.: Lexikon der chemischen Elemente, Stuttgart: S. Hirzel Verlag 1999.

[29] Thalheim, K.: Gold in Sachsen – ein historischer Überblick in Lehrberger, G. & Völker-Jannsen, W. (Hrsg.): Gold in Deutschland und Österreich, Beiträge der Arbeitstagung im Museum, Korbach am 9. und 10. September 2000, Museumshefte Waldeck-Frankenberg; 20, Korbach 2000.

[30] Schade, M.: Gold in Thüringen, Thüringer Wald, Schiefergebirge, Frankenwald; Thüringer Landesanstalt für Geologie Weimar 2001.

[31] Bergmann, L.; Schaefer, C.; Kassing, R.: Lehrbuch der Elementarphysik, Band 6, S.361, Festkörper, Berlin, New York: Verlag Walter de Gruyter 2005.

[32] Schade, M.: Zum Goldbergbau in Thüringen, in Beiträge zur Geologie von Thüringen, Heft 12/2005, Jena: Herausgeber Thüringischer Geologischer Verein e. V. 2005.

[33] Lide, D. R. (ed.): CRC Handbook of Chemistry and Physics, Section 14, Geophysics, Astronomy, and Acoustics; Abundance of Elements in the Earth's Crust and in the Sea, Bora Raton, Florida: CRC Press 2005.

[34] Macdonald, E. H.: Handbook of Gold exploration and evaluation, Abington Hall, Abington: Woodhed Publishing Limited 2009, Cambridge 2007.

[35] Piersig, W.: Die sieben Metalle der Antike. Gold. Silber. Kupfer. Zinn. Blei. Eisen. Quecksilber, Beiträge zur Technikgeschichte, München: GRIN Verlag GmbH, Archivnummer: V141999, 1/2010.

[36] Wikipedia: Gold – Geschichte – Vorkommen und Förderung – Gewinnung, Abruf: 2/2010.

[37] Wikipedia: Goldrausch – de.wikipedia.org/wiki/Goldrausch, Abruf: 2/2010.

[38] http://www.webelements.com, Abruf: 1/2010.

[39] de.wikipedia.org/wiki/Kalifornischer_Goldrausch, 2/2010.

[40] Goldrausch – Wikipedia: de.wikipedia.org/wiki/Goldrausch, Abruf: 2/2010.

[41] Kalifornischer Goldrausch – Wikipedia: http://www.de.wikipedia.org/wiki/Kalifornischer_Goldrausch, Abruf: 2/2010.

[42] Hilsdorf, E.: Stadt Schwabach - Blattgold in der Medizin, Park Apotheke Schwabach; http://www.schwabach.de/touris/gold/78553.html, Abruf: 2/2010.

[43] Elsner, H.: Goldgewinnung in Deutschland – Historie und Potential, Commodity Top News - Fakten, Analysen, Wirtschaftliche Hintergrundinformationen, Nr. 30; http//:www.bgr.bund.de/nn 324956/DE/Gemeinsames/Produkt/Downloads/Commodity_ Top_News/Rohstoffwirtschaft/30_gold,templateId=raw.property=publicationFile. Pdf/30_gold.pdf, Abruf: 2/2010.

[44] Seilnacht. Th.: Periodensystem: Gold; http://www.seilnacht.com/Lexikon/79Gold.htm, Abruf: 2/2010.

**⁾ DVfG - Deutscher Verlag für Grundstoffindustrie.
***⁾ DVdW - Deutscher Verlag der Wissenschaften.

Literaturempfehlungen.

[45] Aitchison, L.: A History of Metals (Eine Geschichte von Metallen):
London: Macdonald & Evans Limited 1960.

[46] Healy, J. F: Bergbau und Metallurgie in der griechischen und römischen Welt,
London: Thames & Hudson 1978.

[47] Merck's Warenlexikon: Autorenkollektiv, Leipzig: Verlag von G. A. Gloeckner 1884;
S. 166/ Beschreibung der im Handel vorkommenden Natur- und Kunsterzeugnisse unter
besonderer Berücksichtigung der chemisch-technischen und anderer Fabrikate, der
Droguen- und Farbewaren, der Kolonialwaren, der Landesprodukte, der Material- und
Mineralwaren, Hauptstück, Warenbeschreibung, Schlagwort: Gold.

[48] Biedermann, H.: Lexikon der magischen Künste, Wiesbaden: VMA-
Vertriebsgesellschaft Modernes Antiquariat mbH 1998.

[49] Handelsblatt – Die Welt in Zahlen 2005.

[50] USGS United States Geological Survey, Minerals Commodity Summaries: Gold 2009,
Abruf: 2/2010.

[51] USGS United States Geological Survey, Minerals Information: Gold,
http://www.minerals.ugs.gov/minerals/pubs/commodity gold/, Abruf: 2/2010.

[52] Bernsteinzimmer – Wikipedia, die freie Enzyklopädie;
http://www.en.wikipedia.org/wiki/Amber_Room, Abruf: 2/2010.

[53] Bernsteinzimmer –Crystalinks, http://www.crystalinks.com/amber.room.html,
Abruf: 2/2010.

[54] Christian, C.: Bernsteinzimmer - Geheimnisse der Geschichte - US News Online,
http://www.usnews.com/usnews/doubleissue/.../amber.htm, Abruf: 2/2010.

[55] Bernsteinzimmer – Wikipedia, http://de.wikipedia.org/wiki/Bernsteinzimmer,
Abruf: 2/2010.

[56] http://www.St. Petersburg, home.arcor.de/mateng61/russland/petersburg.htm,
Abruf: 2/2010.

[57] St. Petersburg Bernsteinzimmer Zarskoje Selo Puschkin Peterhof …,
http://www.tourbegleitung.com/ausfluege3.html, Abruf: 2/2010.

[58] Petersburger Bernsteinzimmer, www.merian.de/reiseziele/artikel/a-658780.html,
Abruf: 2/2010.

[59] Das Bernsteinzimmer aus St. Petersburg,
http://www.bernsteincabbinet.de/ueber_bernsteinzimmer.htm, Abruf: 2/2010.

[60] http://www.muenztreff.de/wissen/muenzmetalle_1.php. Abruf: 2/2010.

[61] http://www.historische-muenze.de/shop/action/lexicon?prefix=M, Abruf: 2/2010.

[62] http://www.geldgeschichte.de/Material_der_Muenzen.aspx, Abruf: 2/2010.

[63] http://www.numispedia.de/Blei, Abruf: 2/2010.

[64] http://www.coins-kurzbach.de/muenzlexikon.html, Abruf: 2/2010.

[65] http://www.froufrou.de/schmucklexikon/gold.html, Abruf: 2/2010.

[66] Goldener Rathausmann (Dresden) Wikipedia:
http://www.de.wikipedia.org/.../Goldener_Rathausmann_(Dresden), Abruf: 2/2010.

[67] Goldener Reiter (Reiterstandbild) – Wikipedia:
http://www.de.wikipedia.org/.../Goldener_Reiter, Abruf: 2/2010.

[68] Blattgold – Wikipedia: http://de.wikipedia.Org/wiki/Blattgold, Abruf: 2/2010.

[69] Genter, W.: Silber, Blei und Gold auf Sifnos - prähistorische und antike
Metallproduktion / Wagner, G. A. – Bochum: Vereinigung der Freunde von Kunst und
Kultur im Bergbau 1985, Der Anschnitt: Beiheft; 3, Veröffentlichungen aus dem
Deutschen Bergbau-Museum Bochum; 31 Sonderband der Heidelberger Akademie der

Wissenschaften : Mathematisch-Naturwissenschaftliche Klasse
[70] Vilar, P.: Gold und Geld in der Geschichte – vom Ausgang des Mittelalters bis zur
    Gegenwart, München: Verlag C. H. Beck oHG 1984.
[71] Busch, K.: Kupfer, Zink, Blei, Gold, Silber, Stuttgart: E. Schweizerbart 1980.
[72] Silber.de – Portal für Silber, Gold, Rohstoffe und Edelmetalle, http://www.silber.de/,
    Abruf: 2/2010.
[73] Gold für die Industrie & Technik,
    http://www.gold-infos.eu/Gold-Industrie-Technik.html, Abruf: 2/2010.
[74] Verzeichniss sämmtlicher Schriften über Juwelier-, Gold- und Silber-Arbeiten,
    Edelsteinkunde Zusatz zum Titel welche von 1865 - 1881 im deutschen Buchhandel
    erschienen sind, Leipzig: Verlag Gracklauer Jahr 1881.
[75] Hartmann, F.: Verzinnen, Verzinken, Vernickeln, Verstählen und das Ueberziehen von
    Metallen mit anderen Metallen überhaupt. Eine Darstellung praktischer Methoden zur
    Anfertigung aller Metallüberzüge aus Zinn, Zink, Blei, Kupfer, Silber, Gold, Platin,
    Nickel, Kobalt und Stahl, sowie der Patinas, der oxydirten Metalle und der
    Bronzirungen. Handbuch für Metallarbeiter u. Kunst-Industrielle, Wien. Pest. Leipzig:
    A. Hartleben´s Verlag 1886.
[76] Wagner, H.: Sol und Luna Zusatz. Auf den Spuren von Gold und Silber, Degussa 1873-
    1973, Herausgeber Degussa, Frankfurt a. Main: Verlag Degussa-Aktiengesellschaft 1973.
[77] Demmin, A.: Studien über die stofflich-bildenden Künste und Kunst-Handwerke – Die
    Edel- oder Gold- und Silber-Schmiedekunst; das Treiben, besonders der Dinanderie, das
    Zinngiessen u. d. m., in ihren geschichtlichen Entwicklungen, Leipzig: Theodor Thomas
    1888.
[78] Krupp, A.: Die Legierungen. Handbuch für Praktiker. Enthaltend die Darstellung
    sämtlicher Legierungen, Amalgame und Lote für die Zwecke aller Metallarbeiter,
    besonders für Erzgießer, Glockengießer, Bronzearbeiter, Gürtler, Sporer, Klempner,
    Gelbgießer, Gold- und Silberarbeiter, Mechaniker, Zahntechniker, Vorschriften über das
    Färben der Legierungen usw., Wien und Leipzig: A. Hartleben´s Verlag 1909.
[79] Schwahn, Ch.: Die Metalle, ihre Legierungen und Lote; Kleine Fachbücherei des Gold-
    und Silberschmieds, Band 1, Halle (Saale): Verlagsbuchhandlung Carl Marhold 1949.
[80] Schwahn, Ch.: Die Oberflächenbehandlung der Metalle, Band 3, Halle (Saale):
    Verlagsbuchhandlung Carl Marhold 1945.
[81] Schwahn, Ch.: Handwörterbuch des Gold- und Silberschmieds und Metallarbeiters,
    Kleine Fachbücherei des Gold- und Silberschmieds, Band 6, Halle (Saale):
    Verlagsbuchhandlung Carl Marhold 1950.
[82] Tafel, V.; Wagenmann, K.: Lehrbuch der Metallhüttenkunde, Band I: Gold, Silber,
    Platin, Kupfer. Leipzig: Verlag von S. Hirzel 1927.
[83] Lojkowski, Wi. [Hrsg.]: Perspectives of nanoscience and nanotechnology Zusatz zum
    Titel acta matrialia gold medal workshop; selected, peer reviewed papers from the
    European Materials Research Society, fall meeting, Warsaw University of Technology,
    17th - 21st September, 2007, Verlagsort Stafa-Zuerich: Verlag TransTech Publ. 2008.
[84] Piersig, W.: Silber - ein Metall des Altertums und der Gegenwart, Beitrag zur
    Technikgeschichte, Band fünfzehn, München: GRIN-Verlag; Archivnummer: i. V.
[85] Piersig, W.: Abstract zur Veröffentlichung: Die sieben Metalle der Antike. Gold. Silber.
    Kupfer. Zinn. Blei. Eisen. Quecksilber, Beitrag zur Technikgeschichte, Band fünf,
    München: GRIN Verlag 2009.
[86] Piersig, W.: Abstract zur Veröffentlichung: Silber - ein Metall des Altertums und der
    Gegenwart, Beitrag zur Technikgeschichte, Band fünfzehn; München: GRIN Verlag
    2010.

[87] Kültür – Geschichte, Staatliche Kunstsammlungen Dresden, Türckische Cammer, Ab 7. März 2010 im Residenzschloss Dresden, http://www.skd-dresden.de/de/.../tuerchische_cammer.html, Abruf: 2/2010.

[88] Ophir – Wikipedia, http://de.wikipedia.org/wiki/Ophir, Abruf 2/2010.

[89] Klemenz, D.: Amerikanische Edelmetalle und industrielle Revolution, http://www.tt.fh-koeln.de/publications/bra1099.pdf, Abruf 2/2010.

[90] Steingräber, E.: Der Goldschmied. Vom alten Handwerk der Gold- und Silberarbeiter, München: Pestel Verlag 1966.

[91] Edelmetall – Gold, Gold – wikipedia, Einzelnachweise Nummer 12, http://www.de.wikipedia.org/wiki/Gold, Abruf: 2/2010.

[92] Piersig, W.: Fußnoten zur Verwendung der sieben Metalle des Altertums, Notiz AU: 2010.

[93] Periodensystem Silber, http://www.seilnacht.com/Lexikon/47Silber.htm, Abruf: 2/2010.

[94] Brepohl, E.: Kunsthandwerkliches Emaillieren, Leipzig: Fachbuchverlag 1983.

[95] Brepohl, E.; Koch, R.: Schmuck und Uhren, Leipzig: Fachbuchverlag 1984.

[96] Brepohl, E.: T. und die mittelalterliche Goldschmiedekunst, Wien, Köln, Graz: 1987.

[97] Brepohl, E.; Koch, R.: Schmuck und Uhren : Metalle, Edelsteine, Gestalterische Probleme, Prüfung, Pflege, Leipzig: Fachbuchverlag 1988.

[98] Brepohl, E.: Werkstattbuch Emaillieren : Technik und künstlerische Gestaltung, Augsburg: Augustusverlag 1992.

[99] Kühne, K.; Brepohl, E.: Kunsthandwerkliches Schleifen und Verarbeiten von Schmucksteinen, Leipzig: Fachbuchverlag 1992.

[100] Brepohl, E.: Werkstattbuch Emaillieren : Technik und künstlerische Gestaltung, Augsburg: Augustusverlag 2005.

[101] Brepohl, E.; Fröhlich, R.; Fröhlich, M.: Benvenuto Cellini : Traktate über die Goldschmiedekunst und die Bildhauerei = I trattati dell'oreficeria e della scultura, Wien, Köln, Weimar: Böhlau Verlag 2005.

[102] Brepohl, E.: Theorie und Praxis des Goldschmieds, Leipzig: Fachbuchverlag Erstauflage 1969; Fachbuchverlag Hanser 1998; 2008.

[103] Brepohl, E.: Theophilus Presbyter und die mittelalterliche Goldschmiedekunst, Wien, Köln, Weimar: Böhlau Verlag 1987, Leipzig: Fachbuchverlag 1999 im Carl Hanser Verlag München, München: Fachverlag Carl Hanser Verlag GmbH & Co. KG 2008.

*)   BHZ   - Berg- und hüttenmännische Zeitung.
**)   DVfG   - Deutscher Verlag für Grundstoffindustrie.
***)   DVdW   - Deutscher Verlag der Wissenschaften.
+)   VdW   - Verlag die Wirtschaft.
++)   VdBI   - Verlag des Bibliographischen Instituts.
+++)   BI   - Bibliographisches Institut.
#)   FuB   - Fertigungstechnik und Betrieb.

Vita des Autors.

Name:	Dr. Wolfgang Piersig
Geburtstag:	12. Mai 1944
Geburtsort und Schulbesuch:	Lessingstadt Kamenz (Sachsen)
Wohnort:	Berg- und Adam-Ries-Stadt Annaberg-Buchholz, Geburtsstadt von Emil Heyn.
Persönliches:	Ruheständler, verheiratet seit 1965 mit Frau Stefanie-Konstanze, zwei Töchter.
Abschlüsse:	Schlosser (1961), BKW Heide-Wiednitz; Dipl.-Ing. (FH) für Kohleveredlung (1964), Berg-Ingenieur-Schule Senftenberg; Dipl.-Ing. für Werkstofftechnik (1972), Promotion zum Doktor-Ingenieur (1979), Hochschulpädagogik Stufe I und II (1980), Technische Hochschule Karl-Marx-Stadt; Technikgeschichte (1987), Technische Universität Dresden;

Veröffentlichungen des Autors.

- *Adolf Martens – Erinnerungen an den Nestor der Materialprüfungen der Technik.*
  GRIN-Verlag; Archivnummer: V83903,
  ISBN (E-Book): 978-3-638-88760-1; ISBN (Buch): 978-3-638-90360-8.
- *Emil Heyn – Adam-Ries-Nachfahre, gewidmet dem Nestor zweier Technikwissenschaften Metallkunde und Metallographie.*
  GRIN-Verlag; Archivnummer: V84013,
  nur ISBN (E-Book): 978-3-638-87588-2.
- *Erinnerungen an den 170. Geburtstag von Alexandre Gustave Eiffel und Bau des Eiffelturms vor 115 Jahren.*
  GRIN-Verlag; Archivnummer: V83763,
  ISBN (E-Book): 978-3-638-88603-1; ISBN (Buch): 978-3-638-90513-8.

- *Vannoccio Biringuccio und die Pirotechnia – 525. Geburtstag des ersten Autors der Metallurgie.*
  GRIN-Verlag; Archivnummer: V83955,
  ISBN (E-Book): 978-3-638-88607-9; ISBN (Buch): 978-3-638-90372-1.
- *Ein Exkurs durch die bedeutendsten Weltausstellungen von 1851 bis 2005 für Fachleute,
  Interessierte und Laien.*
  GRIN-Verlag; Archivnummer: V83815,
  ISBN (E-Book): 978-3-638-88605-5; ISBN (Buch): 978-3-638-89274-2.
- *Die Palmenblattflechterei und das Castell de Capdepera auf Mallorca.*
  GRIN-Verlag; Archivnummer: V116704,
  ISBN (E-Book): 978-3-640-18703-4; ISBN (Buch): 978-3-640-18856-7.
- *ECM - Elektrochemische Metallbearbeitung und EC-Kombinationsverfahren - Ein Beitrag zur
  Technikgeschichte anlässlich des 85. Geburtstag von Herrn Prof. Dr. rer. nat. sc. techn. Hans Wicht.*
  GRIN-Verlag; Archivnummer: V117592,
  ISBN (E-Book): 978-3-640-19823-8; ISBN (Buch): 978-3-640-19833-7.
- *Emil Heyn. Nestor der Technikwissenschaften Metallkunde und Metallographie.
  Ein kurzer Auszug aus der Emil-Heyn-Chronik und Rückblick auf das am 6. und 7. Juli 2007,
  anlässlich des 140. Geburtstages von Emil Heyn, in der Berg- und Adam-Ries-Stadt Annaberg-
  Buchholz stattgefundene Emil-Heyn-Kolloquium.*
  GRIN-Verlag; Archivnummer: V120087,
  ISBN (E-Book): 978-3-640-23584-1; ISBN (Buch): 978-3-640-23588-9.
- *Henry Clifton Sorby – Begründer der klassischen Metallographie – Mit einem Abstract über die
  Herausbildung der Technikwissenschaft Metallographie, nebst Originalquellen, Schrifttumstipps,
  Literaturregister.*
  GRIN-Verlag; Archivnummer: V123320,
  ISBN (E-Book): ISBN: 978-3-640-27261-7; ISBN (Buch): ISBN: 978-3-640-27265-5.
- *Henry Bessemer und das Bessemern, mit einer Sammlung und Anlage von Veröffentlichungen
  darüber.*
  GRIN-Verlag; Archivnummer: V131002,
  ISBN (E-Book): 978-3-640-36415-2; ISBN (Buch): 978-3-640-36361-2.
- *Der Kristallpalast zu London, mit einer Vita zu Joseph Paxton, dem Architekten des Crystal Palace
  zu London, nebst einem Kurzbericht über die erste Weltausstellung London 1851.
  Beitrag zur Technikgeschichte.*
  GRIN Verlag; Archivnummer: V132604,
  ISBN (E-Book): 978-3-640-38260-6; ISBN (Buch): 978-3-640-38312-2
- *Beitrag zur Entstehung und Entwicklung des Musicals.*
  GRIN Verlag; Archivnummer: V131395.
  ISBN (E-Book): 978-3-640-36639-2; ISBN (Buch): 978-3-640-36612-5.
- *Johann Bauschinger – Begründer der mechanisch-technischen Versuchsanstalten, mit dem Nachruf
  von Professor Adolf Martens und der Gedenkrede von Professor Friedrich Kick auf Professor
  Johann Bauschinger (1834-1893).*
  GRIN Verlag; Archivnummer: V132971,
  ISBN (E-Book): ISBN: 978-3-640-39292-6; ISBN (Buch): 978-3-640-39322-0.
- *Kompendium Papier – eine Chronologie mit einem umfangreichen Lexikon zu diesem alltäglichen
  Werkstoff.*
  GRIN Verlag; Archivnummer: V134334,
  ISBN E-Book): 978-3-640-40896-2; ISBN (Buch): 978-3-640-40940-2.
- *Der sächsische Lokomotivenkönig. Zum 200. Geburtstag des sächsischen Lokomotivenkönigs und
  Industriepioniers Richard Hartmann.*
  GRIN Verlag; Archivnummer: V137862,
  E-Book ISBN: 978-3-640-44585-1; ISBN (Buch): 978-3-640-44592-9.
  *Mikroskop und Mikroskopie - Ein wichtiger Helfer auf vielen Gebieten mit Definitionen, Geschichte,
  Daten, Literatur.*
  GRIN-Verlag; Archivnummer: V140522,
  ISBN (E-Book): 978-3-640-48209-2; ISBN (Buch): 978-3-640-48200-9.

- *Der Kristallpalast von London und sein Architekt Joseph Paxton. Der Glaspalast zu München.*
  Beiträge zur Technikgeschichte (1).
  GRIN-Verlag; Archivnummer: V141687,
  ISBN (E-Book): 978-3-640-50302-5; ISBN (Buch): 978-3-640-50333-9.
- *Das Schmieden und die Schmiedekunst. Historisches zur Metallbearbeitung.*
  Beiträge zur Technikgeschichte (2).
  GRIN-Verlag; Archivnummer: V141883,
  ISBN (E-Book): i. V.; ISBN (Buch): i. V.
- *Geschmiedete blanke Waffen – Symbole der Macht, Kraft und Eleganz. Drahtherstellung.*
  Beiträge zur Technikgeschichte (3).
  GRIN-Verlag; Archivnummer: V141883,
  ISBN (E-Book): 978-3-640-50870-9; ISBN (Buch): 978-3-640-50893-8.
- *Geschichtlicher Abriss zum Prägen von Metallmünzen.*
  Beiträge zur Technikgeschichte (4).
  GRIN-Verlag; Archivnummer: V141944,
  ISBN (E-Book): 978-3-640-50930-0; ISBN (Buch): 978-3-640-50956-0.
- *Die sieben Metalle der Antike. Gold. Silber. Kupfer. Zinn. Blei. Eisen. Quecksilber.*
  Beiträge zur Technikgeschichte (5).
  GRIN-Verlag; Archivnummer: V141999,
  ISBN (E-Book): 978-3-640-50931-7; ISBN (Buch): 978-3-640-50957-7.
- *Geschichtlicher Überblick zur Entwicklung von Bronzeglocken.*
  Beiträge zur Technikgeschichte (6).
  GRIN-Verlag; Archivnummer: V142071,
  ISBN (E-Book): 978-3-640-50932-4; ISBN (Buch): 978-3-640-50958-4.
- *Aluminium - ein Metall mit kurzer Geschichte, aber mit großer Zukunft.*
  Beiträge zur Technikgeschichte (7).
  GRIN-Verlag; Archivnummer: V142299,
  ISBN (E-Book): 978-3-640-50933-1; ISBN (Buch): 978-3-640-50959-1.
- *Henry Clifton Sorby, Adolf Martens, Emil Heyn. Nestoren der Technikwissenschaft Metallographie.*
  GRIN-Verlag; Archivnummer: V142300,
  ISBN (E-Book): 978-3640-50934-8; ISBN (Buch): 978-3-640-50962-1.
- *Geschichtlicher Überblick zur Entwicklung der Metallbearbeitung.*
  Beitrag zur Technikgeschichte (8).
  GRIN-Verlag; Archivnummer: V142312,
  ISBN (E-Book): 978-3-640-50935-5; ISBN (Buch): 978-3-640-50961-4.
- *Erinnerungen an Alexandre Gustave Eiffel und den Bau des Eiffelturms vor 120 Jahren.*
  Beitrag zur Technikgeschichte (9).
  GRIN-Verlag; Archivnummer: V142399,
  ISBN (E-Book): i. V.; ISBN (Buch): i. V.
- *Überblick zur Entwicklung des Waffenhandwerks im Thüringer Wald.*
  Beitrag zur Technikgeschichte (10).
  GRIN-Verlag; Archivnummer: V142455,
  ISBN (E-Book): i. V.; ISBN (Buch): i. V.
- *Ein geschichtlicher Überblick zum Eisen im Erzgebirge. Der Frohnauer Hammer –*
  570 Jahre Herrenhaus und 350 Jahre Eisenhammer.
  Beitrag zur Technikgeschichte (11).
  GRIN-Verlag; Archivnummer: V142518,
  ISBN (E-Book): i. V.; ISBN (Buch): i. V.
- *Geschichtlicher Überblick zum Ätzen und Beizen der Nichteisenmetalle wie auch von Eisen und*
  Stahl.
  Beitrag zur Technikgeschichte (12).
  GRIN-Verlag; Archivnummer: V143019,
  ISBN (E-Book): i. V.; ISBN (Buch): i. V.

- *Henry Clifton Sorby, Adolf Martens, Emil Heyn – Nestoren der Metallographie.*
  Beitrag zur Technikgeschichte (13).
  GRIN-Verlag; Archivnummer: V142300,
  ISBN (E-Book): 978-3-640-50934-8, ISBN (Buch): 978-3-640-50962-1.
- *Historische Betrachtungen zum „König der Metalle“ – dem Gold.*
  Beitrag zur Technikgeschichte (14).
  GRIN-Verlag; Archivnummer: i. V,
  ISBN (E-Book): i. V.; ISBN (Buch): i. V.
- *Silber – ein Metall des Altertums und der Gegenwart.*
  Beitrag zur Technikgeschichte (15).
  GRIN-Verlag; Archivnummer: i. V,
  ISBN (E-Book): i. V.; ISBN (Buch): i. V.
- *Erinnerungen an den 170. Geburtstag von Alexandre Gustave Eiffel und der Bau des*
  Eiffelturms vor 115 Jahren.
  Collection deutscher Erzähler – Eine Anthologie neuer deutschsprachiger Autorinnen
  und Autoren, Band 3, Frankfurt/Main : R. G. Fischer Verlag 2004,
  ISBN: 3-8301-0633-5.
- *Emil Heyn – Nestor der Metallkunde und Metallographie.*
  Stahl und eisen 125 (2005), Nr. 6, 15. Juni 2005, S. 54/56.
- *Vannoccio Biringuccio und die Pirotechnia.*
  Stahl und eisen 126 (2006), Nr. 3, 15. März 2006, S. 96/98.
- *Gedenken zum 100. Todestag. Adolf Ledebur – Theoria cum praxi.*
  Stahl und eisen 126 (2006), Nr. 6, 19. Juni 2006, S. 104/106.
- *Annaberger Museumsnacht mit einem neuen Angebot. Emil Heyn zu Gast bei Adam Ries.*
  Stahl und eisen 126 (2006), Nr. 9, 15. September 2006, S. 98.
- *Adolf Martens. Erinnerungen an den Nestor aller Materialprüfungen der Technik.*
  Stahl und eisen 127 (2007), Nr. 3, 15. März 2007, S. 112/114.
- *Reminiszenzen an den Baubeginn des Eiffelturms vor 120 Jahren.*
  Stahl und eisen 127 (2007), Nr. 11, 7. November 2007, S. 170/174.
- *Zum 110. Todestag von Henry Bessemer. Henry Bessemer und sein Stahlgewinnungsverfahren.*
  Stahl und eisen 128 (2008), Nr. 3, 17. März 2008, S. 118/120.
- *100. Todestag von Henry Clifton Sorby. Henry Clifton Sorby gilt als Begründer der Metallographie.*
  Stahl und eisen 128 (2008) Nr. 6, 16. Juni 2008, S. 104/106.
- *Emil Heyn in seiner Geburtsstadt geehrt.*
  Praktische Metallographie 45 (2008), H. 11, S. 566/574.
- *175. Geburtstag von Johann Bauschinger – Begründer der mechanisch-technischen*
  Versuchsanstalten.
  Stahl und eisen 129 (2009), Nr. 6, 16. Juni 2009, S. 100/102.
- *Zum 200. Geburtstag des sächsischen Lokomotivenkönigs und Industriepioniers*
  Richard Hartmann (1809-1878).
  Stahl und eisen 129 (2009), Nr. 11, November 2009, S. 129/131.

Annaberg-Buchholz im März 2010.

Abstract zur Publikation:

„Historische Betrachtungen zum 'König der Metalle' – dem Gold".

Beitrag zur Technikgeschichte, Band vierzehn.

Im vorliegenden Buch wird ein historischer Abriss zum „König der Metalle", dem Gold, gegeben. In diesem geschichtlichen Exkurs wird u. a. darauf eingegangen, daß dieses Edelmetall zu den sieben Metallen des Altertums gehört und in der Antike schon eine besondere Bedeutung besaß und von den Menschen in dieser frühen Zeit nicht nur für Schmuck wie auch Gebrauchsgegenstände Verwendung fand, sondern auch bald zum Machtfaktor wurde. Dem Leser wird dazu auch noch nahe gebracht, Gold war vermutlich das erste Metall, mit dem die Menschen in Berührung kamen. Zunächst wird einleitend auch ein Blick auf die Metallzeit im Allgemeinen gerichtet des Weiteren wird im Besonderen auch auf ihre Periodisierung eingegangen. Eingebunden sind auch Informationen zu den gegenwärtigen Goldfördermengen wie auch den Goldreserven der sechs bedeutendsten Abbauländer sowie der Staaten der Erde insgesamt. Vervollständigung erhält dies durch einige Details zum - insbesondere im 18. und 19. Jahrhundert - entstandenen so genannten Goldrausch. In dieser Schrift erfährt der Leserkreis auch einige Nuancen bezüglich der Goldgewinnung, des Legierens, der Be- und Verarbeitung sowie Verwendung des Goldes wie auch des Einsatz und der Verwendung dieses Edelmetalls in der Industrie, Kunst, im Kunsthandwerk, in der Wirtschaft, Architektur, im Privaten wie auch bei liturgischen Instrumentarien. Vom Autor wird in dieser Publikation auch mit kund getan, welche Bedeutung Aristoteles (384 bis 322 v. u. Z.) dem Besitzerwerb der Metalle (insbesondere auch dem Gold) aus der Natur beimaß. Für weiterführende, tiefgründigere Information gibt er dem Leser im Schlussteil dieser Veröffentlichung rund siebzig allgemeinzugängliche gut verständliche Literaturstellen an wie auch fünf Zitate, die den Charakter des Goldes eindeutig auf den Punkt bringen. Natürlich besitzt dieser Beitrag zur Technikgeschichte keine Vollständigkeit, aber es kann behauptet werden, daß es dem Autor gelungen ist, fast alle wesentlichen Komponenten dieses facettenreichen Themenkomplexes „Gold" in dieser Publikation mit informativen Fakten einen Platz zu geben.

Abstract zur Veröffentlichung:

Die sieben Metalle der Antike.

Gold. Silber. Kupfer. Zinn. Blei. Eisen. Quecksilber.

Beitrag zur Technikgeschichte, Band fünf.

In dem Buch werden die sieben Metalle der Antike behandelt, nämlich das Gold, Silber, Kupfer, Zinn, Blei, Eisen, Quecksilber. Dabei wird über das Gold zur Kenntnis gebracht, daß es zu den ersten Metallen zählt, die von Menschen verarbeitet wurden, und, daß sie es, mit den einfachen ihnen zur Verfügung stehenden Werkzeugen, sehr gut mechanisch bearbeiten konnten und, daß es für sie besonders wertvoll war, weil es nicht korrodierte. Festgehalten ist außerdem, daß die Goldgewinnung vermutlich in der Kupferzeit begann, und, daß die leichte Legierbarkeit des Goldes mit vielen Metallen, seine moderaten Schmelztemperaturen und günstigen Eigenschaften der Legierungen es als Werkstoff sehr attraktiv machten. Über das Silber ist zu erfahren, daß es von Menschen etwa seit dem 5. Jahrtausend v. u. Z. verarbeitet wurde, wobei es vornehmlich von den Assyrern, den Goten, den Griechen, den Römern, den Ägyptern und den Germanen in Verwendung stand, und, daß es zeitweise wertvoller als Gold war. Informiert wird zum Kupfer, daß es neben Gold, Silber und Zinn zu den ersten Metallen gehörte, welche die Menschheit in ihrer Entwicklung kennen lernte, und bereits von den ältesten bekannten Kulturen vor etwa 10.000 Jahren verwendet wurde. Unterrichtet wird der Leser auch, daß Kupfer später mit Zinn und Bleianteilen zu Bronze legiert wurde, und, daß diese härtere und technisch widerstandsfähigere Legierung zum Namensgeber der Bronzezeit wurde. Wissend gemacht wird in dieser Veröffentlichung auch, daß das Metall Zinn möglicherweise seit 3500 v. u. Z. bekannt ist, und, daß durch die Legierung Bronze, deren Bestandteile Kupfer und Zinn sind, es zu größerer Bedeutung gelangte, und, daß lange nachdem Bronze durch Eisen verdrängt wurde, Zinn Mitte des 19. Jahrhunderts durch die industrielle Herstellung von Weißblech von neuem große Bedeutung erlangte. Zum Blei wird seine Verwendung für die Herstellung von Bronzen herausgestellt. Dargestellt wird auch die erste nachweisbare Nutzung von Eisen, die sich etwa um 4000 v. u. Z. in Sumer und Ägypten findet. Auch über die Eisenzeit werden interessante Informationen gegeben. Letztendlich werden Aussagen zum Quecksilber, welches seit prähistorischer Zeit bekannt ist, gemacht.

Abstract zur Veröffentlichung:

„Silber - ein Metall des Altertums und der Gegenwart".

Beitrag zur Technikgeschichte, Band fünfzehn.

In der vorliegenden Publikation wird ein Überblick zu dem Edelmetall Silber – einem Metall des Altertums und der Gegenwart – gegeben. Dem Leser wird unter anderem vermittelt, Silber und Gold waren vermutlich die ersten Metalle, mit dem die Menschen in Berührung kamen; aber es wird nicht nur dieses zum Ausdruck gebracht, sondern darüber hinaus werden auch einige ausgewählte interessante Information zur Authentizität des Silbers von der Antike bis zur Jetztzeit zur Kenntnis gegeben. Vervollständigung erhält dies durch einige Details zu den Erzeugnissen der Silberschmiede in den einzelnen Epochen der Entwicklungsgeschichte der Menschheit - insbesondere seit der Antike, dem Mittelalter und der Entdeckung Amerikas. In dieser Abhandlung erfährt der Leser außerdem einige Nuancen bezüglich der Silbergewinnung, des Legierens, der Be- und Verarbeitung sowie Verwendung des Silbers wie auch des Einsatz und der Verwendung dieses Edelmetalls in der Industrie, Kunst, im Kunsthandwerk, in der Wirtschaft, Architektur, im Privaten wie auch bei liturgischen Instrumentarien. Eingebunden sind auch Notizen zur Silbergewinnung in den amerikanischen sowie europäischen Bergwerken sowie zu der vom Ende des 15. Jahrhunderts bis zu Beginn des 20. Jahrhunderts und zur Silberstatistik für den Zeitraum von 1900 bis 2008. Prioritäten erhielten in diesem Werk die Bemerkungen zur Silberverwendung, wie die für die Silberwaren und Schmuck, Fotographie sowie Elektroindustrie und Elektronik, aber auch die für die silberbeschichteten Lager, Solarindustrie, Beschichtungen von Spiegeln und Reflektoren, Wasseraufbereitung und Wasserreinigung, Chemiekatalysatoren, Pharmazie und Medizin als Antibiotikum und Naturheilmittel, Münzmetalle wie auch Zukunftschancen für Silber. Abschließend wird in diesem Buch auch umfangreiche, allgemeinzugängliche Literaturinformation gegeben. Getragen wird diese Edition von der These des US-amerikanischen Ökonoms und Nobelpreisträgers für Wirtschaftswissenschaften, Professor Milton Friedman: "Das wichtigste monetäre Metall der Geschichte ist Silber, nicht Gold".